蔬菜常见病虫草害
绿色防控技术图谱

宋益民　姜永平　编著

U0239465

中国农业出版社

北　京

图书在版编目（CIP）数据

蔬菜常见病虫草害绿色防控技术图谱/宋益民，姜永平编著．—北京：中国农业出版社，2023.8
ISBN 978-7-109-30620-2

Ⅰ.①蔬… Ⅱ.①宋…②姜… Ⅲ.①蔬菜-病虫害防治 Ⅳ.①S436.3

中国国家版本馆CIP数据核字（2023）第068817号

中国农业出版社出版

地址：北京市朝阳区麦子店街18号楼
邮编：100125
责任编辑：孟令洋 郭晨茜
版式设计：杨 婧 责任校对：吴丽婷 责任印制：王 宏
印刷：北京通州皇家印刷厂
版次：2023年8月第1版
印次：2023年8月北京第1次印刷
发行：新华书店北京发行所
开本：880mm×1230mm 1/32
印张：8.25
字数：230千字
定价：68.00元

2006年4月，在全国植保工作会议上提出了"公共植保、绿色植保"的理念，并由此形成了"绿色防控"技术性概念。2011年5月，农业部办公厅印发了《农业部办公厅关于推进农作物病虫害绿色防控的意见》，主推农作物病虫害绿色防控四大类技术。2015年4月，农业部以农科教发〔2015〕1号印发了《关于打好农业面源污染防治攻坚战的实施意见》，并针对农业面源污染的现状，提出了确保到2020年实现"一控两减三基本"的目标，其中的"两减"，主要是指把化肥、农药的施用总量减下来。经过10多年的实践和探索，农作物病虫害绿色防控理念深得人心，绿色防控技术与模式不断集成创新与推广普及，取得了显著的经济社会生态效益。

蔬菜是人们每天不可或缺的重要副食品，富含维生素、矿物盐、膳食纤维等人体离不开的营养素。蔬菜品种类型多，栽培周期短，生产季节性强，同时蔬菜生产在品种布局、茬口安排、栽培方式等方面存在着较大的灵活性或多样性，给蔬菜病虫草害的防治工作带来一定的难度。近年来，设施栽培及连作等因素导致蔬菜病虫草等有害生物的发生呈不断加重的态势，过分依赖化学防治常常又会导致蔬菜等产品的农残超标，这样既给蔬菜产品质量带来一定的安全隐患，对农业生产、生态环境造成不良影响；又会胁迫病虫草等有害生物产生较高的耐药性或抗药性。为此，蔬菜病虫草等有害生物的绿色防控就显得尤为重要。

针对目前蔬菜生产中一些常发性或多发性病虫草等有害生物绿色防控的目标要求，本书分为4个章节，前两章分别介绍了蔬菜主要病、虫害的形态特征、发生规律和绿色防控技术，第三章介绍了蔬菜田主要杂草的防除技术，第四章介绍了蘑菇、平菇等食用菌主要病虫害的形态特征、发生规律和绿色防控技术，以期强化蔬菜生产病虫草害绿色防控体系建设，推广综合防控新技术，不断提升科学使用农药的能力，力求做到科学选药、精准施药、安全用药，着力解决菜农绿色防病治虫除草的生产难题。

此书编写过程中，参阅和引用了诸多植保、农药等学科专家的书籍和文献资料，并着重集成介绍了近年来蔬菜病虫草害绿色防控中的一些新产品、新技术，在此表示衷心的感谢。本书力求通俗易懂，突出较强的实用性和可操作性，以便广大的蔬菜生产从业人员和基层农技人员学习和参考。

由于编者水平有限，书中疏漏和不当之处，敬请专家和读者批评指正。

编 者

2022年7月

目 录

2 第二章 蔬菜常见害虫绿色防控技术

3 第三章 蔬菜田常见杂草防除技术

4 第四章 食用菌主要病虫害及杂菌污染绿色防控技术

第一章

蔬菜常见病害绿色防控技术

二、根腐病和茎基腐病

根腐病、茎基腐病统称为蔬菜根部病害或根腐病（如大豆根腐病，其病原可分为腐霉菌、疫霉菌、镰孢菌及立枯丝核菌等），在蔬菜整个生长期间都可发生，尤其在苗期发生普遍，为害严重。

（一）病害症状

1.根腐病　主要为害茄果类、瓜类、豆类等蔬菜。幼苗发病，茎基部出现黄褐色水渍状病斑，后期病斑处腐烂、缢缩，病苗倒伏死亡。如由瓜果腐霉等腐霉菌引起的根腐病又名"猝倒病"。成株期为害可引起植株根部形成不同程度的根腐。

2.茎基腐病　主要为害茄果类、瓜类、豆类、十字花科蔬菜和洋葱、茼蒿等多种蔬菜。幼苗发病，茎基部出现暗褐色椭圆形或梭形病斑，病斑中间稍凹陷，逐渐向两边扩展，后绕茎一周，造成病部缢缩、干枯。病害发生初期，病苗白天萎蔫，早晚尚可恢复，最后病苗枯死，但不倒伏，故又名"立枯病"。病斑上常有淡褐色或暗褐色霉层即病菌的菌丝体，并相互粘连呈蛛丝网状。成株期为害可引起植株茎基部出现暗褐色不规则病斑，使茎基部皮层形成不同程度坏死等症状，地上部叶片萎蔫变黄，严重时植株枯死。

番茄猝倒病

番茄立枯病

黄瓜立枯病

西瓜猝倒病

（二）发生规律

1.根腐病　根腐病多由鞭毛菌亚门真菌中一些腐霉菌（猝倒病）、疫霉菌（辣椒根腐病）及半知菌亚门真菌中一些镰孢菌（蚕豆根腐病）侵染引起，以菌丝体及特殊形态的孢子（卵孢子或厚垣孢子）在土壤中及病残体组织内存活，成为侵染循环的初次侵染源。翌年春季温湿度适宜时，卵孢子、厚垣孢子萌发成菌丝体，或由越冬的菌丝体，直接侵染幼苗引起发病。湿度较大时，病斑处可产生大量的无性孢子（镰孢菌产生分生孢子，腐霉菌、疫霉菌产生孢囊孢子），发生重复侵染为害。

2.茎基腐病　茎基腐病由半知菌亚门真菌中立枯丝核菌引起，病原菌菌丝有隔膜，初期无色，老熟时呈浅褐色至黄褐色，分枝处成直角，基部稍缢缩。菌丝生长后期，由老熟菌丝交织在一起形成菌核。菌核暗褐色，不定型，质地疏松，表面粗糙。此菌不产生无性孢子，有性世代为瓜亡革菌，以菌丝体和菌核在病残体组织内存活或以菌核在土壤中越冬，成为侵染循环的初次侵染源。翌年春季温湿度适宜时，菌核萌发成菌丝体，或由越冬的菌丝体，直接侵染幼苗引起发病。

该类病原菌为土壤习居菌，是一类弱寄生菌，可在土壤中长期（2～3年）营腐生生活，通过雨水、灌溉水、农事操作、未腐熟的肥料等介质传播。重茬、种植密度高、偏施氮肥、土壤湿度大、通风透光不良、气温变化幅度较大等因素，均会导致该类病害的发生和加重。

（三）防治技术

1.农业防治

（1）合理轮作，清洁田园。应避免同一类蔬菜之间连作，如辣椒、番茄、茄子可与非茄果类蔬菜轮作，豆类蔬菜与禾本科等作物轮作，有条件的地方可实施水旱轮作。收获后应彻底清除前茬作物残体及田园周边的杂草，蔬菜生长期间应及时摘除病叶、老叶，田间一旦发现病苗（株）应及时拔除，并带出销毁。

（2）育苗基质或床土消毒。育苗前先对基质或床土进行消毒，可用70%噁霉灵可湿性粉剂，或75%百菌清可湿性粉剂，或70%代森锰锌可湿性粉剂，或50%甲霜灵可湿性粉剂，或70%敌克松（敌磺钠）可湿性粉剂等与基质或床土混匀，制剂用药量为基质或床土质量的0.2%～0.3%。也可于播种前，每平方米苗床撒施上述药剂8～10g，再播种覆土。

（3）种子处理。种子药剂处理是防治作物种传和土传病害最经济有效的方法之一。茄果类、瓜类、豆类及甘蓝、大白菜等蔬菜种子，可采用种衣剂或种子处理悬浮剂直接进行包衣或拌种处理，所用药剂有10%福美双·拌种灵悬浮种衣剂，或40%萎锈灵·福美双悬浮种衣剂，使用剂量为每千克种子1.5～2.0g（有效成分）；62.5克/升精甲·咯菌腈种子处理悬浮剂，使用剂量为每千克种子0.25～0.4g（有效成分）；10%嘧菌酯悬浮种衣剂，使用剂量为每千克种子0.2～0.3g（有效成分）；18%吡唑醚菌酯悬浮种衣剂，使用剂量为每千克种子9～12g（有效成分）。也可用粉剂进行拌种处理，所用药剂有50%福美双可湿性粉剂、70%代森锰锌可湿性粉剂、75%百菌清可湿性粉剂、50%扑海因可湿性粉剂、58%甲霜灵·锰锌可湿性粉剂等，其制剂用药量为种子质量的0.2%～0.3%。

粉剂拌种分为湿拌和干拌两种方法，可根据实际情况而定。湿拌法可先将种子用清水浸泡2～4h后，滤去多余的水分至能散开时再进行拌种。也可先用少量清水将种子拌湿，再加入上述粉剂直至搅拌均匀。干拌法可在拌种时加入适量的中性石膏粉、滑石粉或干细土混合搅拌，使药剂均匀地分散或附着在种子表面。

（4）实施健康栽培。

①苗床育苗应在播种前浇足底水，齐苗前要控制浇水，以控制出苗期间苗床的湿度。齐苗后可在保证幼苗不受冻害的情况下，尽量使苗床通风散湿，增加光照，控制浇水等以降低苗床湿度，通过炼苗以增强幼苗的抗病力。

②大田栽培应根据品种特性决定适宜的种植密度。

③低洼潮湿地块可实行高畦栽培、地膜覆盖栽培等，雨后应及时排涝降渍；天气干旱时要做到勤浇小水或进行膜下滴灌，避免大水漫灌。

④棚室等保护地栽培应注意通风散湿。

⑤及时中耕松土、除草，促进植株健壮生长。

⑥合理施肥，厩肥等农家肥应充分腐熟，以减少病原菌的带入；及时追肥，同时应注意氮、磷、钾的配比，适当增施磷、钾肥，以提高植株的抗病能力。

2.药剂防治

（1）喷雾或喷粉。出苗后在病害发生初期应及时用药防治。可用75%百菌清可湿性粉剂600 ～ 800倍液，70%代森锰锌可湿性粉剂600 ～ 800倍液，30%噁霉灵水剂800 ～ 1 000倍液，58%甲霜灵·锰锌可湿性粉剂600 ～ 800倍液，40%拌种双（拌种灵＋福美双）可湿性粉剂500 ～ 600倍液，25%嘧菌酯悬浮剂或32.5%苯甲·嘧菌酯悬浮剂1 000 ～ 1 500倍液等进行喷雾防治1 ～ 2次，施药间隔期为7 ～ 10d。苗床湿度大时，每亩*可用5%百菌清粉剂1kg喷粉，喷粉时力求均匀周到，叶片正反两面、茎及茎基部都要求着药。

（2）熏烟。棚室等保护地栽培，由于适温高湿或高温干旱等有利于病虫害发生的温湿条件，常常导致多种病虫害发生及为害加重，利用烟剂进行大棚熏烟是防治棚室等保护地作物病虫害的一种行之有效的技术措施。下面着重介绍烟剂及其使用技术和注意事项。

烟剂又称烟熏剂或烟雾剂，是蔬菜产区普遍推广使用的一种农药剂型。由于其成本低、效率高、农残少、效果好、使用方便等优点，受到了广大农户的青睐。但熏烟防治必须掌握好如施药适期、施药时间、施药方法、药剂选择及安全施药等措施及注意事项，才能安全、经济、有效地控制好病虫害的发生及为害。为

　＊　亩为非法定计量单位，1亩＝1/15公顷。

此，棚室烟剂施用应注意以下几点：

①棚室检查。烟剂主要是通过点燃后或高温处理后产生烟雾，并以烟雾为载体将农药活性成分送达植株表面或有害生物的表面，从而达到保护作物防治病虫的目的。因此，在棚室内使用烟剂前要对整个棚面进行检查，如棚面有破损要及时修补，门及通风口要能密闭，以防烟雾泄漏，以保证整个棚室在熏烟时能封闭严实，达到防治效果。

②施药适期。蔬菜生长期间，要加强对病虫发生情况的调查，做到适期施药。一般病害防治应掌握在发病前或发病初期使用，施药间隔期为7～10d，可连续使用3～4次；防治虫害应掌握在害虫卵孵化盛期至幼虫1～2龄期使用，以便能及早控制害虫的为害。

③施药时间。由于烟雾在植株表面的沉积会受到温度、湿度及空气流动性等的影响，白天在日光照射下棚室内温度较高而相对湿度较低，且植株表面与棚室内空气的温差较小，致使烟雾在植株表面的沉积量也相应减少，从而影响到防治效果。因此，烟剂施用最好选择在傍晚日落收工后进行，既不影响人工作业又能起到很好的防治效果。如遇阴天或阴雨天气也可在白天进行熏烟，但必须保证在闭棚熏烟4～6h后才可放风作业。

④施药方法。空间较大的棚室，每亩可设6～10个燃放点，燃放点应稍远离作物，避免造成药害或烫伤；比较矮小的棚室，宜选用有效成分含量偏低一点（如10%、15%）的烟剂。高度低于1.2m的小棚不宜使用烟剂。

⑤药剂选择。一是品种的选择。要针对病虫害具体发生的情况，如防治根腐病、霜霉病、晚疫病等病害，可选用百菌清、杀毒矾（代森锰锌+噁霜灵）、霜脲氰及其复配剂等烟剂；防治灰霉病、菌核病等病害，可选用百菌清、扑海因、噻菌灵、腐霉利及其复配剂等烟剂；防治茎基腐病、炭疽病、黑星病、白粉病、叶

枯病、叶霉病等病害，可选用百菌清、扑海因、噻菌灵及其复配剂等烟剂；防治蚜虫、粉虱等害虫，可选用敌敌畏、异丙威、呋虫胺及其复配剂等烟剂，做到对症下药。同时，要注意交替用药，避免单一品种的连续多次使用。二是剂型的选择。市场上烟剂种类很多，按形态可分为固体和液体两大类型，固体烟剂可分为片剂、粉剂、颗粒剂等，液体烟剂可分为水剂、乳油、油剂等，要根据大棚特点选用。片剂适合布点较多、窄而长的大棚（如韭菜大棚），粉剂、颗粒剂适合棚室较宽的大棚（如番茄、黄瓜等果蔬大棚），液体烟剂常常需要借助烟雾机等器械来实施。三是剂量的选择。药剂用量过高，既浪费药剂、加重污染，还可能产生药害；药剂用量过低又达不到理想的防治效果。因此，具体用量应根据棚室空间的大小、病虫害发生程度及烟剂的有效含量而定。一般情况下，烟剂的常用剂量为 $0.3 \sim 0.4 \text{g/m}^3$（中、小棚约 0.2g/m^3），折合每亩棚室用量为 $200 \sim 400 \text{g}$。有效成分含量偏低的烟剂产品，或病虫害发生严重，以及封闭效果较差的大中棚，可适当增加药剂用量。

⑥安全用药。施药人员应做好相应的防护措施，施药时应由内向外按顺序点燃或操作，操作后应立即离开棚室，并将接触药品的部位及衣物用肥皂水清洗干净，以防中毒。烟剂使用后，一定要经过充分通风，人员方可进入棚室进行农事操作。特别强调的是在阴雨天气白天施药后，必须保证在闭棚熏烟 $4 \sim 6 \text{h}$ 后方可通风作业。

二、白粉病

（一）病害症状

白粉病可为害瓜类、豆类、茄果类及大白菜、莴苣等多种蔬菜，是棚室等保护地栽培蔬菜的主要病害之一。该病主要为害叶片，也可为害茎部和叶柄。发病初期，叶片正面或背面产生若干白色近圆形小粉斑，后扩大成边缘不明显的连片粉斑，表面上好像撒上一层白粉（病菌分生孢子堆），最后白粉变成灰白色或红褐色，病叶枯黄、发脆，病斑上散生有小黑点（病菌闭囊壳）。一般是基部叶片先发病，并逐渐向上部叶片发展。发病叶片虽不脱落，但光合作用的功能明显受损，一般年份减产10%左右，流行年份减产可达20%～40%。

菜豆白粉病

辣椒白粉病

冬瓜白粉病

黄瓜白粉病

（二）发生规律

该病由真菌中的白粉菌侵染所致。白粉菌是一类专性寄生菌，有的还分为不同的专化型，以闭囊壳在病残体上越冬，或以菌丝体潜伏在冬芽上越冬。翌年春季，闭囊壳产生子囊孢子萌发成菌丝体，在寄主的表面产生吸器伸入寄主表皮组织内吸取养分和水分，并不断在寄主表皮组织内扩展。温暖地区或棚室等保护地栽培，病原菌可以菌丝体在受害寄主上不断产生分生孢子周年侵染为害。白粉病菌的孢子在10～30℃条件下均可萌发，对湿度要求不高，正常情况下10d左右即可完成一次侵染循环。植株发病后，病斑上产生大量的分生孢子，经气流传播，引起重复侵染、扩散和蔓延。连续高温（35℃以上）或连续降雨，病害的扩展受到明显的抑制。品种抗病性弱，管理粗放；植株长势弱，栽培密度大或通风透光不良；偏施氮肥等，均会诱发该病的发生加重。

（三）防治技术

1.农业防治

（1）选用抗、耐病品种。不同品种间对白粉病的抗病性有一定的差异，如早杂1号、晋番茄1号、河南5号、霞粉、浙杂7号、吉农早丰等早熟番茄品种，其白粉病发生相对较轻；中农26和中农106等黄瓜品种对白粉病表现中等抗性，一般抗霜霉病的黄瓜品种也兼抗白粉病，如津杂系列、津研系列、乾德1702等黄瓜品种；龙甜1号、西州蜜、长香玉、网纹甜瓜、伊丽莎白等甜瓜品种相对抗白粉病。可根据当地种植品种的具体表现，选用比较丰产，抗、耐病的品种进行种植。

（2）合理轮作，清洁田园。应避免同一类蔬菜之间连作；收获后应彻底清除前茬作物残体和田园周边杂草，发现病株应及时拔除，并带出销毁。

（3）实施健康栽培。同根腐病和茎基腐病。

（4）高温控病。棚室等保护地栽培，可利用在32℃以上的高温条件下，白粉病菌的生长速率受到明显抑制或处于休眠的状态，其活性及侵染植株的能力也相应降低的特点，于晴天中午关闭大棚或温室风口，使棚室内植株间温度上升到32 ～ 35℃，持续保温2 ～ 3h，然后逐渐通风，降温排湿，每周进行2 ～ 4次。此法对其他大多数低温高湿性病害如霜霉病、疫病、灰霉病、菌核病、炭疽病、黑斑病、早疫病、叶霉病、叶枯病等都具有较好的防治效果。

2.药剂防治

（1）喷雾。于发病初期及时进行喷雾，可选用2%农抗120水剂200倍液，2%武夷霉素水剂150倍液，1%申嗪霉素悬浮剂300倍液，3%多抗霉素可湿性粉剂300倍液，0.3%苦参碱水剂150 ～ 200倍液，100亿cfu/g枯草芽孢杆菌可湿性粉剂100 ～ 150倍液，20亿cfu/mL多黏类芽孢杆菌P1悬浮剂50 ～ 100倍液等生物制剂进行喷雾防治。化学制剂可选用75%百菌清可湿性粉剂600 ～ 800倍液，40%氟硅唑乳油6 000 ～ 8 000倍液，25%啶菌噁唑乳油2 000 ～ 2 500倍液，25%腈菌唑乳油2 000 ～ 2 500倍液，30%氟菌唑可湿性粉剂2 000 ～ 3 000倍液，10%苯醚甲环唑水分散粒剂或32.5%苯甲·嘧菌酯悬浮剂1 000 ～ 1 500倍液，50%啶酰菌胺水分散粒剂1 000 ～ 1 500倍液，50%嘧菌环胺可湿性粉剂1 000 ～ 1 500倍液，25%嘧菌酯悬浮剂或25%吡唑醚菌酯悬浮剂1 000 ～ 2 000倍液等喷雾防治，施药间隔期为7 ～ 10d，视天气状况和病害发生的严重程度，可连喷2 ～ 3次。

（2）熏烟。棚室等保护地栽培，可结合灰霉病、霜霉病、菌核病等病害的防治进行熏烟。烟熏药剂选择参照根腐病和茎基腐病相关内容。注意轮换用药及各药剂安全间隔期。

三、灰霉病

（一）病害症状

　　灰霉病可为害瓜类、豆类、茄果类、叶菜类、葱蒜类及莴苣等多种蔬菜，是棚室等保护地栽培蔬菜的主要病害之一。该病为害花、果实、叶片等。幼果受害时，一般先侵染残留的花柱或花瓣，后向果实或果柄扩展，致使果皮呈灰白色湿腐状，引起病果脱落，或干缩成僵果挂在枝上。叶片发病多从叶尖开始，沿叶脉

菠菜灰霉病

番茄灰霉病

黄瓜灰霉病

间呈V形向内扩展，形成灰褐色不规则大斑，严重时，病斑连片，造成叶片枯死。灰霉病的典型症状常常是在病斑表面产生厚厚的灰色霉层，湿度大时灰色霉层表面长有白色至灰白色的气生菌丝，严重时可导致上部的枝、叶枯萎。各发病部位上的灰色霉层内均有大量的病菌分生孢子。

（二）发生规律

该病由真菌灰葡萄孢菌侵染所致。病原菌以分生孢子、菌丝体或菌核随病残体在土壤中越冬，棚室等设施栽培，病原菌可以菌丝体和分生孢子在受害寄主上越冬。翌年春季，病菌侵入寄主引起初次侵染。植株发病后，病斑上产生大量的分生孢子，经气流、雨水或灌溉水及农事操作等传播，引起再次侵染、扩散和蔓延。适温高湿（温度为22℃左右，相对湿度大于80%）有利于该病害的发生和流行。春、秋两季连续阴雨，通常为该病发生的高峰期。此外，管理粗放，植株长势弱，种植密度过大，偏施氮肥、生长过旺等，均会加剧该病的发生。

（三）防治技术

1.农业防治

（1）选用抗、耐病品种。不同品种对灰霉病的抗病性有一定的差异，如金牌国萃、魁冠1号、田园保冠等番茄品种较抗灰霉病，一般大红硬果类型番茄比粉红果类型番茄对灰霉病的抗性要稍强等。可根据当地种植品种的具体表现，选用比较丰产，抗、耐病的品种进行种植。

（2）合理轮作，清洁田园。同白粉病。

（3）实施健康栽培。同根腐病和茎基腐病。

（4）高温控病。参照白粉病防治技术进行高温控病处理。

2.药剂防治

（1）喷雾。于发病初期，可用2%武夷霉素水剂150倍液，10%多抗霉素可湿性粉剂200倍液，1%申嗪霉素悬浮剂300倍液，50%异菌脲可湿性粉剂600～800倍液，50%多菌灵可湿性粉剂600～800倍液，50%腐霉利可湿粉剂800～1000倍液，40%嘧霉胺悬浮剂或可湿性粉剂600～800倍液，50%乙烯菌核利可湿性粉剂500～600倍液，25%啶菌噁唑乳油500～750倍液，50%啶酰菌胺水分散粒剂1000～1500倍液，50%嘧菌环胺水分散粒剂800～1000倍液等喷雾防治，施药间隔期为7～10d，视天气情况和病害发生的严重程度，可连续施药2～3次。

（2）熏烟。棚室等保护地栽培，如遇连续阴雨天气或湿度过大时，在连续阴雨2d后或田间初见病斑时，可结合白粉病、霜霉病等气传性病害的防治，采用烟剂进行熏烟防治，施药间隔期为7～10d，连续熏烟2～3次。熏烟药剂选择参照根腐病和茎基腐病相关内容。注意药剂的交替使用和安全间隔期。

四、霜霉病

（一）病害症状

霜霉病是蔬菜栽培中一种常发性和多发性真菌性病害，可为害十字花科、瓜类、叶菜类、百合科及莴苣等多种蔬菜。该病主要为害叶片，受害植株叶片正面初出现不规则淡绿色褪绿黄斑，随着病情的发展，病斑逐渐扩大，因受叶脉限制而呈多角形的黄色至黄褐色枯斑，数个病斑常互相连接成不规则大斑，潮湿时病斑背面长出白色至灰黑色霉层即病菌的孢子囊及孢囊梗。连续高温干旱，霉层消失，最终导致叶片局部或大部分干枯。

黄瓜霜霉病

白菜霜霉病

扁豆霜霉病

萝卜霜霉病

（二）发生规律

　　该病由鞭毛菌亚门真菌中霜霉菌侵染所致。无性阶段可形成孢子囊及孢囊孢子，有性阶段产生卵孢子。病原菌以菌丝体或卵孢子随病残体在土壤中越冬、越夏，白菜霜霉病菌等还可在种子内越冬。翌年春季，卵孢子萌发侵入寄主引起初次侵染，病斑上可产生大量孢子囊及孢囊孢子，经雨水、灌溉水传播，引起再次侵染、蔓延和扩散。当气温在16℃以上，且昼夜温差大，多雨、多雾或结露重的气候条件均有利于该病的暴发和流行。此外，管理粗放，地势低洼渍水，过度密植，通风透光不良，氮肥使用过多等，均会导致该病害发生加重。

（三）防治技术

1.农业防治

（1）选用抗、耐病品种。不同品种间对霜霉病的抗病性存在一定的差异，如津杂1号、津杂2号、津研4号、津研6号、中农5号、中农7号、美迪小黄瓜、德瑞特9号、博杰、碧春等黄瓜品种，以及玉姑、古拉巴等甜瓜品种对霜霉病抗性较好。可根据当地实际情况，选用比较丰产，抗、耐病的品种进行种植。

（2）种子处理。参照根腐病防治中种子处理技术进行，可选用62.5g/L精甲·咯菌腈种子处理悬浮种衣剂、10%嘧菌酯悬浮种衣剂、18%吡唑醚菌酯悬浮种衣剂、58%甲霜灵·锰锌可湿性粉剂等进行种子包衣或拌种。

（3）合理轮作，清洁田园。参照根腐病和茎基腐病。

（4）实施健康栽培。参照根腐病和茎基腐病。

（5）高温控病。参照白粉病防治技术进行高温控病处理。

2.药剂防治

（1）喷雾。于发病初期及时进行喷雾，可选用2%武夷霉素水剂150倍液，10%多抗霉素可湿性粉剂200倍液，1%申嗪霉素悬浮剂300倍液，0.3%苦参碱水剂150～200倍液，3亿cfu/g哈茨木霉菌可湿性粉剂100～200倍液，100亿cfu/g枯草芽孢杆菌可湿性粉剂100～200倍液，20亿cfu/mL多黏类芽孢杆菌P1悬浮剂50～100倍液等生物制剂。化学制剂可选用75%百菌清可湿性粉剂500～600倍液，80%乙膦铝可湿性粉剂400～500倍液，77%氢氧化铜可湿性粉剂600～800倍液，86.2%氧化亚铜可湿性粉剂800～1 200倍液，25%双炔酰菌胺悬浮剂1 000～1 500倍液，10%氰霜唑悬浮剂1 500～2 000倍液，72.2%霜霉威水剂500～600倍液，50%烯酰吗啉悬浮剂或可湿性粉剂1 000～1 500倍液，25%吡唑醚菌酯悬浮剂1 000～1 500倍液，687.5g/L氟菌·霜霉威悬浮剂600～800倍液，58%甲霜灵·锰锌可湿性粉剂500～600倍液，64%杀毒矾（代森锰锌+噁霜灵）可湿性粉剂500～600倍液，70%乙铝·锰锌可湿性粉剂500～600倍液，52.5%噁酮·霜脲氰水分散粒剂1 000～1 500倍液，72%霜脲·锰锌可湿性粉剂600～800倍液，69%烯酰·锰锌可湿性粉剂或水分散粒剂500～600倍液等进行喷雾防治，施药间隔期为7～10d，视天气状况和病害发生的严重程度，连续施药2～3次。

（2）熏烟。棚室等保护地栽培，如遇连续阴雨天气或湿度过大时，可结合白粉病、灰霉病等气传性病害进行熏烟防治。熏烟药剂选择参照根腐病和茎基腐病相关内容。

使用以上药剂时请按照各药剂的使用说明及注意事项进行。注意药剂的交替使用和安全间隔期。

五、疫病

（一）病害症状

疫病可为害茄果类、薯芋类、瓜类、百合科等多种蔬菜，是辣椒、番茄（晚疫病）、芋艿、韭菜的主要病害之一。该病为害茎、叶及果实。茎秆受害，病茎基部或分枝处初现暗绿色水渍状病斑，后病部缢缩变黑，使病部以上枝叶枯萎；叶片受害，初在叶缘产生暗绿色水渍状斑点，后扩大为近圆形褐色大斑，天气潮湿时，全叶腐烂，天气干燥病叶干枯易碎；果实受害，初呈暗绿色水渍状凹陷病斑，后期病部扩大、软腐，湿度大时，病部产生

黄瓜疫病

番茄晚疫病

茄子果实疫病

南瓜疫病

稀疏白色棉絮状菌丝体（内含病菌孢子囊）。

（二）发生规律

该病由鞭毛菌亚门真菌中疫霉菌侵染所致，无性阶段可形成孢囊孢子、厚垣孢子（仅部分病原菌产生），有性阶段产生卵孢子。病原菌以菌丝体或卵孢子、厚垣孢子随病残体在土壤中越冬，还可在种子、堆肥中越冬。翌年春季，卵孢子、厚垣孢子萌发侵入寄主引起初次侵染。湿度较大时，病斑上产生大量孢子囊及孢囊孢子，经雨水、灌溉水传播，引起再次侵染、蔓延和扩散。当气温在25℃左右，出现晴雨交替或3d以上连续降雨的天气状况时，均有利于该病害的暴发和流行。此外，管理粗放，地势低洼渍水，过度密植，氮肥使用过多等，均会导致该病害发生加重。

（三）防治技术

防治该病最简单、绿色、高效、实用的方法就是选用抗、耐病品种。不同品种对疫病的抗病性存在一定的差异，如茄子抗、耐病品种有兴城紫圆茄、贵州冬茄、通选1号、济南早小长茄、竹丝茄、辽茄3号、丰研11、青选4号、老来黑等；番茄抗、耐病品种有渝红2号、圆红、中蔬4号、中蔬5号、佳红、强丰、佳粉10号、金牌国萃、魁冠1号、毛粉608、田园保冠等；甜椒抗、耐病品种有冀研4号、冀研5号、冀研12、冀研13等，辣椒有墨西哥辣椒、新丰2号、新丰4号、新丰6号、湘辣4号、苏椒5号、吉椒8号、吉椒126、中椒7号等；黄瓜抗、耐病的品种有中农5号、中农1101、津杂3号、津杂4号等。可根据当地种植品种的具体表现，选用比较丰产，抗、耐病的品种进行种植。

其他防治方法可参照霜霉病的防治进行。

六、白锈病

（一）病害症状

此病除为害白菜、萝卜外，还侵染芥菜类、根菜类等十字花科蔬菜。该病主要为害叶片，也为害肉质茎及留种植株的花梗、花器等。叶片受害，叶正面最初出现淡黄绿色至黄色斑点，后逐渐变褐变大，边缘不明晰，后期病斑表面可交叉感染交链孢菌，致病斑转呈黑色。叶背面病斑白色，呈隆起状疱斑，近圆形、椭圆形至不规则，有时多个病斑可愈合成较大的疱斑，后期疱斑破裂并散出白色粉末即病菌的孢子囊。叶片受害严重时病斑密集，病叶畸形，叶片脱落。种株的花梗和花器受害，致其肥大畸形弯曲，其肉质茎也出现乳白色疱状斑。

白菜白锈病

花椰菜白锈病

萝卜白锈病

芥菜白锈病

（二）发生规律

该病由鞭毛菌亚门真菌中白锈菌和大孢白锈菌侵染所致。病菌菌丝无分隔，蔓延于寄主细胞间隙，无性阶段可形成孢子囊。

孢子囊卵形至球形，无色，萌发时产生5～18个具双鞭毛的游动孢子。有性阶段产生卵孢子，两菌卵孢子均为褐色，近球形，外壁有瘤状突起。白锈菌和大孢白锈菌孢子囊萌发的温度为0～25℃，最适温度为10℃，侵入寄主最适温度为18℃，潜育期7～10d。在寒冷地区病菌以菌丝体在留种植株或病残组织中，或以卵孢子随同病残体在土壤中越冬。翌年，卵孢子萌发，产生孢子囊和游动孢子，游动孢子借雨水溅射到白菜下部叶片上，从气孔侵入，完成初侵染，后病部不断产生孢子囊和游动孢子，进行再侵染、蔓延和扩散，后期病菌在病组织里产生卵孢子越冬。在温暖地区，寄主全年存在，病菌可以孢囊孢子借气流传播，完成其周年循环。此病多在纬度或海拔高的地区和低温年份发病较重。连作、偏施氮肥、过度密植、通风透光不良及地势低洼渍水等均可导致病害发生加重。

（三）防治技术

参照霜霉病的防治技术进行。

七、绵腐病

（一）病害症状

该病可为害黄瓜、西瓜、甜瓜、冬瓜等葫芦科植物及十字花科、茄科、豆科等植物。主要为害成熟期的果实，多从贴近地面的部位开始发病。染病的瓜果表皮出现褪绿、渐变黄褐色不规则形的病斑，病斑迅速扩展，致瓜肉变黄变软而腐烂，随后在腐烂部位长出茂密的白色棉毛状菌丝，并有一股腥臭味。

瓠瓜绵腐病　　　　　　　　　　冬瓜绵腐病

西瓜绵腐病

（二）发生规律

　　该病由鞭毛菌亚门真菌瓜果腐霉菌侵染所致，无性阶段可形成孢子囊及孢囊孢子，有性阶段产生卵孢子。病菌以卵孢子在土壤表面越冬，也可以菌丝体在土壤中长期营腐生生活。温湿度适宜时，卵孢子萌发或土壤中的菌丝体产生孢子囊萌发，并释放出游动孢子，借雨水或灌溉水溅射到植株近地面的瓜果上发生初次侵染。由于其寄生力很弱，一般不能侵染未成熟的无伤瓜果。一且瓜果成熟，特别是贴近地面的部位，表皮又受到一些机械损伤或虫伤时，病菌就可以从伤口处侵入，侵入后其破坏力很强，瓜果很快软化腐烂。该病在 10～30℃均可发生，但对湿度的要求较高，孢子囊萌发和释放游动孢子需要有水的存在。一般地势低洼渍水、土壤黏重、管理粗放、机械损伤、虫伤多的田块病害较重。

（三）防治技术

1.农业防治

（1）合理轮作，清洁田园，实施健康栽培。

（2）避免果实损伤。 生长期间应尽量避免生理性裂果，以及其他病虫为害和农事操作不当造成的果实损伤。果实成熟后应适时采收，精心贮运。

2.药剂防治　于病害发生前或发病初期及时进行药剂防治，以控制病害发生及蔓延。可用 75%百菌清可湿性粉剂 600～800 倍液，70%代森锰锌可湿性粉剂 400～500 倍液，77%氢氧化铜可湿性粉剂 600～800 倍液，86.2%氧化亚铜可湿性粉剂 800～1 200 倍液，30%噁霉灵水剂 1 000～2 000 倍液，25%嘧菌酯悬浮剂 1 000～1 500 倍液，25%吡唑醚菌酯悬浮剂 1 500～2 000 倍液，72.2%霜霉威水剂 500～600 倍液，687.5g/L氟菌·霜霉威水剂 600～800 倍液，58%甲霜灵·锰锌可湿性粉剂 500～600 倍液，64%杀毒矾可湿性粉剂 500～600 倍液，52.5%噁酮·霜脲氰水分散粒剂 1 000～1 500 倍液，72%霜脲·锰锌可湿性粉剂 600～800 倍液等进行喷雾防治，施药间隔期为 10～15d，视天气状况和病害发生的严重程度，连续施药 2～3 次。注意药剂的交替使用和安全间隔期规定。

八、菌核病

（一）病害症状

菌核病可为害瓜类、豆类、茄果类、根菜类、叶菜类等多种蔬菜，是十字花科蔬菜及茄科蔬菜的主要病害之一。该病从苗期至成株期均可发生为害，多为害茎、叶，有时果实也可染病。

幼苗受害，病苗茎基部初现淡褐色水渍状病斑，后病斑迅速扩展，绕茎一周，环腐，潮湿时病茎基部长出一圈白色棉毛状菌丝并可见黑色颗粒（菌核）。

成株期受害，先在近地面茎、叶柄或叶片上出现大小不一的水渍状淡褐色病斑，引起茎基部或叶片软腐，病部可见白色棉毛状菌丝和黑色颗粒状菌核。病斑可从叶柄延伸至茎秆，也可致茎秆直接发病，初为水渍状，后变为灰白色，湿度大时病部可见白色棉毛状菌丝，病部皮层逐渐腐烂缢缩呈褐色，病部以上叶片和分枝由于失水而枯死；后期茎秆病部表皮破裂呈麻丝状软腐，剥开可见黑色颗粒状菌核。

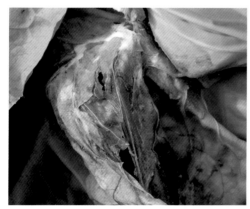

甘蓝菌核病

菜豆菌核病

黄瓜菌核病

辣椒菌核病

茄子菌核病

（二）发生规律

　　该病由真菌中核盘菌侵染所致，病原菌以菌核在土壤或混于种子中越冬。翌年春季，菌核萌发，产生子囊盘及子囊孢子，子囊孢子成熟后经雨水传播，侵入作物引起发病。在适宜条件下，病斑上产生大量的菌丝体，经植株接触，或通过脱落的花瓣进行再次侵染，使病害蔓延、扩散。适温高湿（温度为20℃左右，相对湿度大于85%）有利于该病害的发生和流行。一般春、秋两季多雨时段是该病发生的高峰期。重茬及棚室等保护地栽培该病发生严重。此外，地势低洼渍水、过度密植、偏施氮肥等可加剧该病的发生。

（三）防治技术

1.农业防治

（1）选用抗、耐病品种。不同品种对菌核病的抗性存在一定的差异，如辣椒较抗、耐菌核病品种有苏椒5号、沈椒3号、牟椒1号、都椒1号、海丰6号等。可根据当地种植品种的具体表现，选用比较丰产、抗耐病的品种进行种植。

（2）清除混杂在种子中的菌核。先筛除粗大菌核，再用10%盐水选种，菌核会漂浮在水面，可以汰除去种子中的残余菌核。

（3）合理轮作，清洁田园，实施健康栽培。

（4）高温控病。参照白粉病防治技术进行高温控病处理。

2.药剂防治

（1）喷雾。病害发生初期，可用50%多菌灵可湿性粉剂500～600倍液，50%甲基托布津可湿性粉剂500～600倍液，50%异菌脲可湿性粉剂600～800倍液，50%扑海因可湿性粉剂1 000～1 200倍液，50%乙烯菌核利可湿性粉剂500～600倍液，50%腐霉利可湿性粉剂800～1 000倍液，40%菌核净可湿性粉剂800～1 000倍液，50%氯硝铵可湿性粉剂800～1 000倍液，50%嘧菌环胺水分散粒剂1 000～1 500倍液，50%啶酰菌胺水分散粒剂1 000～1 500倍液等喷雾防治，施药间隔期为7～10d，连喷施药2～3次。

（2）熏烟。棚室等保护地栽培，如遇连续阴雨天气或湿度过大时，可结合灰霉病、炭疽病、白粉病等气传性病害的防治进行熏烟。注意药剂的交替使用和安全间隔期规定。

九、炭疽病

（一）病害症状

炭疽病可为害瓜类、豆类、茄果类、薯芋类、叶菜类等多种蔬菜，是十字花科、茄科、豆类蔬菜的主要病害之一。该病从苗期至成株期均可发生，多为害叶片和果实，也为害叶脉、叶柄及茎蔓。叶片受害，初生黄褐色小斑，后扩大为不规则的灰褐色大斑，病斑表面轮生黑色小点，天气干燥时病斑易破碎穿孔，湿度大时病斑表面产生粉红色黏质物即病菌的分生孢子堆。叶脉上病斑多发生于叶背，褐色条状，叶柄、茎蔓上病斑长椭圆形或纺锤形，褐色，湿度大时病斑表面产生粉红色黏质物即病菌的分生孢子堆。果实上病斑圆形或椭圆形，褐色，或表面龟裂（瓜类）。幼苗（瓜类、豆类）受害，常于子叶边缘产生圆形或半圆形褐色病斑，或致病苗茎基部出现形状不一的褐色病斑。

黄瓜炭疽病

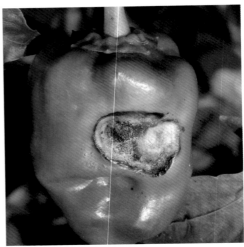

辣椒炭疽病

茄子炭疽病   菜豆炭疽病

（二）发生规律

　　该病由真菌中刺盘孢菌及胶孢炭疽菌侵染所致，病原菌以菌丝体随病残体在土壤中越冬，也可潜伏于种子中或附于种子表面（瓜类）越冬。翌年春季，病菌侵入作物引起发病。在适宜条件下，病斑上产生大量分生孢子，经雨水、流水、昆虫、农事操作传播，引起再次侵染、扩散和蔓延。瓜果采收后，因表面带有大量病菌分生孢子，储运过程中该病还可能蔓延为害。适温高湿（温度为25℃左右，相对湿度大于90%）有利于该病的发生，如出现晴雨交替或连续阴雨、多雾多露等天气状况，常会导致该病的暴发和流行。此外，重茬、地势低洼渍水、过度密植、偏施氮肥、土壤黏重等均会导致该病的发生加重。

（三）防治技术

1.农业防治

　　（1）选用抗、耐病品种。不同品种对炭疽病的抗性存在一定的差异，如较抗炭疽病甜椒品种有鲁椒1号、鲁椒3号、早杂2

号、茄椒1号、苏椒2号、中椒4号、早丰1号、皖椒2号、冀研4号、冀研5号、冀研6号、长丰、吉农方椒等，辣椒品种有杭州鸡爪、湘研10号、湘研11、中椒7号、早杂2号等，西瓜品种有新澄1号、金钟冠龙、庆红宝、海农6号、新克等，黄瓜品种有津研4号、中农1101、夏丰1号、早青2号等。可根据当地种植品种的具体表现，选用比较丰产、抗耐病的品种进行种植。

（2）种子处理。在55℃温水中叶菜类种子浸种5min、辣椒种子浸种10min、瓜类种子浸种15～20min，捞出晾干后催芽播种。菜豆或瓜类种子可用37%福尔马林溶液稀释200～300倍液浸种30min，或用45%代森铵水剂200～300倍液浸种20～30min，或用50%多菌灵可湿性粉剂500倍液浸种1h，然后用清水洗净晾干后催芽播种。种子包衣或拌种可参照茎基腐病防治方法进行。

（3）合理轮作，清洁田园，实施健康栽培。

（4）高温控病。参照白粉病防治技术进行高温控病处理。

2.药剂防治

（1）喷雾。于病害发生前或发病初期开始施药，可用2%农抗120水剂200倍液，2%武夷霉素水剂150倍液，10%多抗霉素可湿性粉剂200倍液，1%申嗪霉素悬浮剂300倍液等生物制剂，以及75%百菌清可湿性粉剂600～800倍液，80%炭疽福美可湿性粉剂600～800倍液，50%福美双可湿性粉剂500～600倍液，77%氢氧化铜可湿性粉剂600～800倍液，86.2%氧化亚铜可湿性粉剂800～1 200倍液等保护性杀菌剂喷雾1～2次进行保护或预防，施药间隔期为7～10d。

病害盛发和流行期间，可用40%拌种双（拌种灵＋福美双）可湿性粉剂500～600倍液，25%咪鲜胺乳油800～1 000倍液，25%溴菌腈可湿性粉剂600～800倍液，10%苯醚甲环唑水分散颗粒剂或32.5%苯甲·嘧菌酯悬浮剂1 000 ～ 1 500倍液，30%苯甲·丙环唑乳油（或水分散粒剂）2 000 ～ 3 000倍液，430g/L戊唑醇悬浮剂3 000 ～ 4 000倍液，40%氟硅唑乳油6 000 ～ 8 000倍液，25%腈菌唑乳油2 000 ～ 2 500倍液，30%氟菌唑可湿性粉剂2 000 ～ 3 000倍液，25%嘧菌酯悬浮剂或25%吡唑醚菌酯悬浮剂1 000 ～ 1 500倍液等喷雾2 ～ 3次，施药间隔期为7 ～ 10d。

（2）熏烟。棚室等保护地栽培，如遇连续阴雨天气或湿度过大时，可结合灰霉病、菌核病、白粉病等气传性病害的防治进行熏烟。注意药剂的交替使用和安全间隔期规定。

十、枯萎病

（一）病害症状

枯萎病从苗期至成株期均可发生，主要为害黄瓜、西瓜、辣椒、茄子、番茄、芋等多种蔬菜作物，其典型症状是植株萎蔫。发病初期，病株叶片自上而下逐渐萎蔫，状似缺水，到中午前后，萎蔫症状更为明显，但早晚温度低、湿度大时仍能恢复。经数天后，病情加重，便全株枯萎下垂，甚至死亡。在番茄、茄子、辣

黄瓜枯萎病

番茄枯萎病

豇豆枯萎病

西瓜枯萎病

椒等蔬菜上常出现植株一侧发病，另一侧正常的"半边枯"现象，在同一叶片上也会看到一半发黄，另一半正常的情形。观察病株基部，可发现水渍状病斑，后变为黄褐色或黑褐色，切开茎部还可看到维管束变褐。

（二）发生规律

该病由真菌中镰孢菌侵染所致，病原菌以菌丝体、厚垣孢子随病残体在土壤中越冬，种子也可带菌（瓜类、番茄、菜豆）越冬，病菌可在土壤中长期营腐生生活。翌年春季，病菌从植株幼根表皮直接侵入或从伤口侵入，在维管束内繁殖，逐渐扩展到枝、叶、果实及种子内，并分泌毒素。病菌分生孢子及菌丝体，经气流、雨水或灌溉水、肥料及农事操作等传播，引起再次侵染。适温（25℃左右）多雨、地势低洼渍水、土壤黏重、酸性土壤、连作、偏施氮肥及施用未腐熟的有机肥等均有利于该病的发生。

（三）防治技术

1.农业防治

（1）选用抗、耐病品种。不同品种对枯萎病抗性存在一定的差异，如西瓜抗枯萎病品种有早抗京欣、抗病苏蜜、抗病新红宝等；黄瓜抗枯萎病品种有津杂1号、津杂2号、长春密刺、山东密刺、安农2号等；甜瓜抗枯萎病品种有伊丽莎白、锦丰甜宝、真美丽、龙甜雪冠、龙甜4号等；番茄抗枯萎病品种有中杂9号、中杂11、苏抗5号、西安大红、蜀早3号、渝抗4号、强力米寿、强丰、皖红1号、金牌国莘、魁冠1号、田园保冠等。可根据当地种植品种的具体表现，选用比较丰产，抗、耐病的品种进行种植。

（2）种子处理。在55℃温水中叶菜类种子浸种5min、辣椒种子浸种10min、瓜类种子浸种15～20min，捞出晾干后催芽播种。瓜类、茄果类、菜豆等种子可用1%福尔马林溶液浸种15～20min，瓜类种子可用0.1%～0.2%高锰酸钾溶液浸30～60min，洗净晾干后催芽播种。也可用50%多菌灵可湿性粉剂拌种，用药量为种子重量0.2%～0.3%；或用50%多菌灵可湿性粉剂500倍液浸种0.5～1h，洗净晾干后催芽播种。

（3）育苗基质或床土消毒。育苗前先对基质或床土进行消毒，可用70%噁霉灵可湿性粉剂，或50%多菌灵可湿性粉剂，或75%百菌清可湿性粉剂等与基质或床土混匀，制剂用药量为基质或床土质量的0.2%～0.3%。也可于播种前，每平方米基质或苗床撒施上述药剂8～10g，再播种覆土。

（4）合理轮作，清洁田园，实施健康栽培。

（5）高温控病。参照白粉病防治技术进行高温控病处理。

（6）嫁接防治。黄瓜、西瓜、甜瓜、茄子等可采用嫁接育苗法防治枯萎病，效果良好。除此以外，嫁接育苗还可以有效防治黄萎病、青枯病、根结线虫病等土传病害。

嫁接育苗的关键是要选择亲和性好、生长势及抗病性强、对口感和品质影响不大的品种做砧木。目前，嫁接育苗技术也已成熟，嫁接苗的生产和应用已逐步形成规模化、产业化和商品化。

黄瓜嫁接：黄瓜嫁接一般可采用黑籽南瓜、白籽南瓜等做砧木。用黑籽南瓜做砧木的黄瓜生长势强，适合冬季生产；用白籽南瓜做砧木的黄瓜抗逆性较好，植株一般耐热、耐干旱，适合于气温较高的时期使用。

甜瓜嫁接：甜瓜嫁接用砧木主要有南瓜砧、甜瓜砧和冬瓜砧三种类型。

南瓜砧主要有普通南瓜、杂交南瓜和野生南瓜三种类型，以杂交南瓜和野生南瓜的抗病性较好，生长势较强，但对甜瓜果实品质的不良影响也相对大一些。南瓜砧嫁接甜瓜能较好地防止甜瓜枯萎病的为害，也能明显地增强甜瓜在低温期的生长势，果实个体较大，易获得高产。但南瓜砧嫁接甜瓜容易引起瓜秧旺长，推迟结瓜，也容易引起果实品质变劣，形成绿条瓜和果皮斑点瓜，并使果肉变劣。目前，南瓜砧主要用于甜瓜枯萎病发生较严重的地块，在厚皮甜瓜冬季温室栽培中也应用得比较多。南瓜砧与网纹甜瓜嫁接后，容易引起果实的网纹变形，降低果实的外观，因此南瓜砧一般不用作网纹甜瓜的嫁接用砧。

甜瓜砧是指可用来作为栽培甜瓜嫁接用砧木的一类甜瓜，该类甜瓜可为栽培种，或野生、半野生种，其中，野生、半野生甜瓜品种对枯萎病的抗性强于栽培种，也较耐低温。与南瓜砧和冬瓜砧相比，甜瓜砧与栽培甜瓜的嫁接亲和性和共生性最好，嫁接后也不会引起植株生长过旺，嫁接植株长势比较稳定，果实的品质也无不良表现，但甜瓜砧对枯萎病的抗性不如南瓜砧和冬瓜砧。为此，发病较为严重的地块不宜用甜瓜砧做砧木。甜瓜砧主要应用于厚皮甜瓜嫁接栽培中，特别是在栽培效益较高的温室甜瓜栽培中，甜瓜砧应用较为普遍。目前国内推广的甜瓜砧主要有圣砧1号、翡翠、健脚、大井、辽砧1号、绿宝石等。

冬瓜砧与甜瓜的嫁接亲和性和稳定性较好，嫁接植株长势稳定，不易徒长；嫁接植株的果实品质较好，一般不会出现明显的品质变劣问题；对甜瓜枯萎病的抗性也较强。但冬瓜砧的耐低温能力较差，在低温条件下，嫁接株发棵较慢，结瓜晚。由于目前的甜瓜栽培主要集中于低温期，冬瓜砧的应用也相应较少。

西瓜嫁接：用于西瓜嫁接砧木的品种很多，依嫁接亲和性、抗病性及品质性状衡量，优劣依次为瓠瓜、南瓜、冬瓜、西瓜共砧，同种内不同变种或品种间存在很大差异，各地应根据具体栽培条件和要求选用。

茄子嫁接：用于茄子嫁接砧木的品种多为一些野生种，如野茄2号（野绿茄2号）、粘毛茄等，及引进美洲的托鲁巴姆、托托斯加和日本的野红赤茄、台太郎等。

（8）**高温闷棚。**棚室等保护地栽培可结合夏季作物换茬及休棚期间实施高温闷棚处理，将棚室密闭2周左右。据测定，夏季高温闷棚期间白天棚内的地表温度最高可达$60 \sim 70℃$，$5 \sim 10cm$土层地温最高可达50℃以上，非常有利于杀灭土壤中的枯萎病、根腐病、茎基腐病、菌核病、蔓枯病、细菌性青枯病及根结线虫病等多种土传病害的病原菌（线虫），同时可杀灭棚室内残留的多种气传性病害如白粉病、霜霉病、灰霉病、炭疽病、叶枯病等的病原菌及土壤中的地老虎、金龟甲（蛴螬）等多种土栖害虫和多种杂草种子。

（9）**土壤消毒。**重病地块可实施土壤消毒技术以减轻枯萎病的发生。土壤消毒应在定植之前$5 \sim 6$周进行，露地栽培可在蔬菜收茬清园、土壤耕翻前后，全田每亩撒施氰铵化钙30～50kg或98％棉隆颗粒剂15～30kg。如施用厩肥等农家肥作基肥，可一并施入田中，随后进行土壤耕翻和灌水，保持土壤含水量在50％～60％（手抓成团，落地散开），并迅速用预先准备好的塑料薄膜覆盖密闭严实进行土壤熏蒸12～15d，定植前1～2周揭膜通风散湿后再整地移栽或定植。氰铵化钙、棉隆等都是绿色高效的土壤熏蒸消毒剂，可用于防治枯萎病等多种土传病害及地下害虫，尤其对线虫的杀灭效果好，同时具有残留少、不污染环境等优点。需要说明的是不同厂家及产品的剂型、含量、规格不尽相同，具体使用方法要按照各产品使用说明及注意事项进行。棚室等保护地栽培可结合夏季作物换茬及休棚期进行，采用"高温闷棚＋土壤消毒"相结合的防治技术可达到更好的防治效果。

2.药剂防治

（1）**药土法**。定植前，可在定植穴内施入多菌灵药土。配制方法：每亩用50％多菌灵可湿性粉剂1.5kg加75kg半干细土拌匀。也可在整地前地面撒施多菌灵药土，再耙匀后整地。

（2）**喷雾**。在病害发生初期，可用2％农抗120水剂100～200倍液，50％甲基托布津可湿性粉剂500～600倍液，50％多菌灵可湿性粉剂或50％苯菌灵可湿性粉剂500～600倍液，10％双效灵水剂200～300倍液，45％代森铵水剂600～800倍液，30％噁霉灵水剂600～800倍液，77％氢氧化铜可湿性粉剂600～800倍液，50％琥胶肥酸铜可湿性粉剂500～600倍液，20％松脂酸铜水乳剂800～1 000倍液等进行茎叶喷雾。

（3）**灌根**。定植后病害发生初期也可用上述药液进行灌根，灌根时视植株大小，每株灌药液100～250mL。施药间隔期为5～7d，连续施药2～3次，注意药剂的交替使用和安全间隔期规定。

目前，枯萎病等土传病害的防治尚缺乏有效的手段。利用微生物及其代谢产物等生物防治措施，使用对人体和生态环境友好的微生物菌剂替代化学农药，已成为枯萎病等土传病害防治的发展方向。近年来，国内也陆续开发了一些防治枯萎病等土传病害的微生物菌剂，并在生产上得到了逐步推广和应用。

复合木霉菌可湿性粉剂：有效活菌数≥$2×10^{10}$cfu/g。该产品除用于防治枯萎病外，还对根腐病、茎基腐病、炭疽病、菌核病等多种病害具有一定防效。

枯草芽孢杆菌复合菌剂：有效活菌数≥2.0亿cfu/mL。该产品是以枯草芽孢杆菌为主，苏云金杆菌、地衣芽孢杆菌等多种芽孢杆菌为辅的复合微生物菌群。这些微生物菌剂可用于土壤处理、种子处理、喷雾、灌根等。由于不同厂家和产品所使用的菌株和有效成分含量等不同，防治对象及效果也会有很大差异。因此，在购买和使用该类产品时，应仔细阅读产品说明书，并选择合适的产品及使用方法。

十一、白绢病

（一）病害症状

白绢病在我国南方地区发生较重，可为害瓜类、茄果类等60多科200多种植物。该病主要侵染瓜类、茄果类等蔬菜近地面的根茎、蔓和果实。受害植株病部初现暗绿色水渍状病斑，其上长出白色绢丝状菌丝。天气潮湿时，菌丝向靠近地表的茎蔓和果面处扩展。后期病部菌丝层上形成茶褐色油菜籽粒大小的菌核，病部皮层腐烂，全株萎蔫枯死。该病特点是病株维管束不变褐，区别于枯萎病。

豇豆白绢病

西瓜白绢病

（二）发生规律

病菌的无性世代为齐整小核菌，属半知菌亚门小菌核属真菌，其有性世代属担子菌亚门罗氏白绢病菌。病菌以菌丝体或菌核在土壤中越冬。在100%的相对湿度下菌核才可萌发产生菌丝，从植株的茎基部、根部或伤口侵入，潜育期3～10d，并可形成发病中心。菌核通过昆虫、雨水或灌溉水、农事操作等在田间传播蔓延。高温高湿、过度密植、通风不良、酸性土壤、连作及施用未腐熟的有机肥等发病重。

（三）防治技术

1.农业防治

（1）合理轮作，清洁田园。

（2）深耕土壤或土壤消毒，实施健康栽培。深耕可将表层土壤中的菌核翻入深土层，而处于深土层中的菌核萌发受到抑制，可适当减少白绢病的发生和为害。土壤消毒可参照枯萎病防治进行。

（3）调节土壤pH值。土壤pH值小时，结合翻土，每亩撒施生石灰50～100kg，中和土壤酸性，可抑制病菌的繁殖及病害的发生。

2.药剂防治　发病初期，可用77%氢氧化铜可湿性粉剂600～800倍液，70%代森锰锌可湿性粉剂600～800倍液，50%多菌灵可湿性粉剂500～600倍液，70%甲基托布津可湿性粉剂600～800倍液，20%萎锈灵乳油1 000～2 000倍液，10%苯醚甲环唑水分散粒剂或32.5%苯甲·嘧菌酯悬浮剂1 000～1 500倍液，30%苯甲·丙环唑乳油（或水分散粒剂）2 000～3 000倍液喷雾，50%氯溴异氰尿酸可湿性粉剂1 000～2 000倍液等喷淋植株茎基部或根部，力求喷湿喷透。施药间隔期为7～10d，连续用药2～3次，注意药剂的交替使用和安全间隔期规定。此外，在植株蔸部撒施生石灰，对白绢病也有一定的防效。

十二、十字花科蔬菜黑斑病

黑斑病是十字花科蔬菜上常见的病害之一，该病在白菜、甘蓝及花椰菜上发生较多，以春、秋两季发生普遍，流行年份可减产20%～50%。感病后蔬菜茎、叶变苦，品质低劣。20世纪80年代末期，黑斑病在我国北方地区频发流行，已成为白菜生产上的重要病害之一。

（一）病害症状

　　该病主要为害十字花科蔬菜植株的叶片、叶柄，有时也为害花梗和种荚。在不同种类的蔬菜上病斑大小有差异。叶片受害，多从外叶开始发病，初为近圆形褪绿斑，以后逐渐扩大，发展成灰褐色或暗褐色病斑，且有明显的同心轮纹，有的病斑周围有黄色晕圈，在高温高湿条件下病部穿孔。白菜上病斑比花椰菜和甘蓝上的病斑小，直径2～6mm，甘蓝和花椰菜上的病斑直径5～30mm，后期病斑上产生黑色霉状物（分生孢子梗及分生孢子）。发病严重时，多个病斑汇合成大斑，导致叶片变黄枯死，全株叶片自外向内干枯。叶柄和花梗上病斑长梭形，暗褐色，稍凹陷；种荚上的病斑近圆形，中央灰色，边缘褐色，外围淡褐色，有或无轮纹，潮湿时病部产生暗褐色霉层，区别于霜霉病。

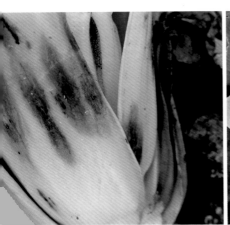

白菜黑斑病

甘蓝黑斑病　　　　　　　　　　　花椰菜黑斑病

（二）发生规律

该病由半知菌亚门链格孢属芸薹链格孢菌或芸薹生链格孢菌侵染所致。两种病原菌都喜欢高湿的环境，在湿度较高的情况下，病原菌能产生大量的分生孢子，同时分生孢子的萌发需要有水滴的存在。病菌以菌丝体、分生孢子在田间病株、病残体、种子或冬贮菜上越冬。翌年春季，当环境条件适宜时，分生孢子从气孔或直接穿透表皮侵入，潜育期为 3 ~ 5d，分生孢子随气流、雨水传播，进行多次再侵染，使病害不断扩展蔓延。

黑斑病发生早迟或轻重与温湿度关系密切，适温（12 ~ 19℃）高湿（相对湿度大于90%）有利于该病的发生。如昼夜温差大、连续阴雨或多雾多露等天气，利于该病的发生和流行。

（三）防治技术

1.农业防治

（1）选用抗、耐病品种。不同品种对黑斑病抗性存在一定的差异，如大白菜中的青庆、双青156、北京26等较抗黑斑病，结球甘蓝中的夏光、秋丰等也较抗黑斑病，可根据当地种植品种的具体表现，选用比较丰产、抗耐病的品种进行种植。

（2）合理轮作，清洁田园，实施健康栽培。

（3）种子处理。可用50℃温水浸种20～25min，冷却晾干后催芽播种。也可在温水浸种捞出滤去多余水分后进行药剂拌种，所用药剂有50%福美双可湿性粉剂、50%异菌脲可湿性粉剂等，制剂用药量为种子质量的0.2%～0.3%。药剂浸种，可用50%多菌灵500倍液浸种1～2h，洗净晾干后催芽播种。

（4）高温控病。参照白粉病防治技术进行高温控病处理。

2.药剂防治　所用药剂及防治技术参照炭疽病药剂防治进行，同时可结合其他真菌病害的发生进行兼治。

十三、（番茄、芹菜）斑枯病

（一）病害症状

番茄、芹菜（包括水芹）斑枯病又叫叶枯病，主要为害叶片，并产生或大或小的近圆形病斑，病斑边缘褐色，中间灰白色至淡

芹菜斑枯病

番茄斑枯病

褐色，斑面散生褐色或黑色小粒点（病菌分生孢子器），严重时病叶枯死脱落。该病也可为害茎或叶柄，产生椭圆形褐色病斑。

（二）发生规律

番茄、芹菜斑枯病分别由真菌中的壳针孢属番茄壳针孢菌和芹菜（或水芹）壳针孢菌侵染所致，病原菌皆以菌丝体、分生孢子随病残体在土壤中越冬，种子也可带菌。翌年春季，越冬病菌产生分生孢子，经昆虫、雨水或灌溉水、农事操作等传播，由气孔或表皮直接侵入寄主引起发病。病斑上产生的分生孢子也可引起再次侵染。适温（25℃左右）高湿、连续阴雨、地势低洼渍水、土壤黏重、过度密植、偏施氮肥等均有利于该类病害的发生。

（三）防治技术

1.农业防治

（1）选用抗、耐病品种。不同品种对斑枯病抗性存在一定的差异，如西芹3号、津芹、春丰、夏芹、冬芹、上海大芹、津南实芹、美国玻璃翠等较抗斑枯病，可根据当地种植品种的具体表现，选用比较丰产，抗、耐病的品种进行种植。

（2）种子处理。番茄种子用52℃温水浸种30min后捞出晾干，催芽播种；芹菜种子用48～49℃温水浸种30min，浸种时注意不断搅拌，使种子受热均匀，捞出后立即放入冷水中浸泡4～6h，捞出晾干后催芽播种。也可在温水浸种捞出滤去多余水分后进行药剂拌种，所用药剂有50%福美双可湿性粉剂、50%异菌脲可湿性粉剂等，药剂用量为种子质量0.2%～0.3%。药剂浸种可用50%多菌灵500倍液浸种1～2h，洗净晾干后催芽播种。

（3）合理轮作，清洁田园，实施健康栽培。

（4）高温控病。参照白粉病防治技术进行高温控病处理。

2.药剂防治　所用药剂及防治技术参照炭疽病药剂防治进行，同时可结合其他真菌病害的发生进行兼治。

十四、辣椒褐斑病和叶枯病

（一）病害症状

这两种病害主要为害辣椒、甜椒叶片，也为害茎及果实。

褐斑病症状：叶片上形成圆形或近圆形病斑，病斑中央呈浅褐色四周呈深褐色，表面稍隆起，周缘有黄色的晕圈。该病发生严重时会导致叶片变黄脱落。茎及果实染病，其症状与叶片上的类似。

叶枯病症状：叶面上病斑与褐斑病类似，所不同的是叶枯病的斑面上具有同心轮纹，边缘颜色稍浅呈淡黄褐色，并可密生黑色的小粒点即病菌的分生孢子器，病斑中央常破碎穿孔。

辣椒褐斑病

辣椒叶枯病

（二）发生规律

辣椒褐斑病由半知菌亚门真菌尾孢菌属辣椒尾孢菌侵染所致；辣椒叶枯病由半知菌亚门真菌茄匍柄霉侵染所致。病菌都以菌丝体或分生孢子随病残体在土壤中越冬，也可以分生孢子黏附于种子表面越冬。翌年春季，越冬菌丝体或分生孢子萌发可直接侵入寄主引起初次侵染，后病斑上产生的分生孢子随气流、雨水或灌溉传播，进行多次再侵染。适温高湿（叶枯病）或高温高湿（褐斑病）有利于该类病害的发生。此外，地势低洼渍水、土壤黏重、过度密植、偏施氮肥等均会导致该类病害的发生加重。

（三）防治技术

1.农业防治

（1）选用抗、耐病品种。品种间的抗病性存在一定的差异，如辛香2号、湘辣4号、苏椒5号等较抗病，可根据当地种植品种的具体表现，选用比较丰产，抗、耐病的品种进行种植。

（2）种子处理。可用50～55℃温水浸种15～20min，并不停地搅拌，直至水温降至30℃后停止搅拌，再用清水浸泡4～6h，捞出晾干后催芽播种。也可在温水浸种捞出滤去多余的水分后进行药剂拌种，所用药剂有50%福美双可湿性粉剂，或50%异菌脲可湿性粉剂等，制剂用药量为种子质量的0.2%～0.3%。药剂浸种可用50%多菌灵500倍液浸种1～2h，洗净晾干后催芽播种。

（3）合理轮作，清洁田园，实施健康栽培。

（4）高温控病。参照白粉病防治技术进行高温控病处理。

2.药剂防治　所用药剂及使用技术参照炭疽病药剂防治进行，同时可结合其他真菌病害的发生进行兼治。

十五、茄褐斑病和褐纹病

（一）病害症状

这两种病害主要为害茄子叶片，也为害茎及果实。

茄褐斑病症状：发病初期，叶面上出现水渍状浅褐色小斑点（又叫叶点病），随病情的发展，逐渐扩大为不规则形或近圆形大斑，病斑边缘红褐色至深褐色，中央灰褐色，病斑周围有较宽的褪绿晕圈，后期病斑中央密生许多小黑点，病情严重时，叶上病斑连片或布满病斑，引致叶片早枯或脱落。果实染病，其症状与叶片上的类似。

茄褐纹病症状：叶片受害，初生白色小点，后扩大为灰褐色近圆形病斑，有轮纹，斑面上轮生许多小黑点；茎部受害，产生边缘褐色中间灰白色梭形病斑，斑面散生褐色小粒点（病菌分生孢子器），严重时病斑扩大，病株易折断；果实受害，上生褐色圆形凹陷病斑，斑面上轮生许多小黑点，病斑可扩展至整个果面；幼苗也可受害，茎基产生褐色凹陷病斑，最终引起死苗。

两病症状的区别在于：褐纹病病斑稍凹陷，病斑边缘褐色中

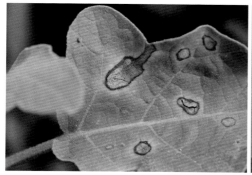
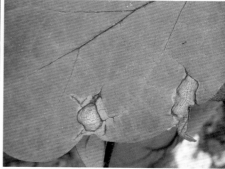

茄褐斑病

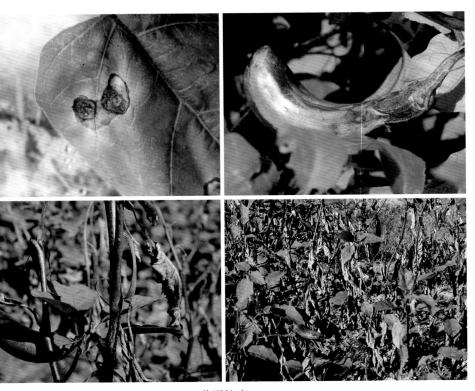

茄褐纹病

间灰白色，斑面上有清晰轮纹；褐斑病病斑上没有轮纹，病斑颜色呈红褐色，十分鲜艳。

（二）发生规律

茄褐斑病由半知菌亚门真菌中叶点霉属叶点霉菌侵染引起；茄褐纹病由半知菌亚门真菌中拟茎点霉属茄褐纹拟茎点霉菌侵染引起。该类病原菌以菌丝体、分生孢子器随病残体在土壤中越冬，种子也可带菌。翌年春季，越冬病菌产生分生孢子，经昆虫、雨水、灌溉水、农事操作等传播，由气孔或表皮侵入寄主引起发病。病斑上产生的分生孢子引起再次侵染。适温高湿或连续阴雨天气有利于该类病害的发生与流行。此外，地势低洼渍水、土壤黏重、过度密植、偏施氮肥等均会导致该类病害的发生加重。

（三）防治技术

1.农业防治

（1）选用抗、耐病品种。茄子品种间的抗病性存在一定的差异，如美茄1号、黑丽长茄、苏崎1号、紫红香茄等对褐纹病抗性较强，可根据当地种植品种的具体表现，选用比较丰产，抗、耐病的品种进行种植。

（2）种子处理。可用50～55℃温水浸种15～20min，并不停地搅拌，直至水温降至30℃后停止搅拌，再用清水浸泡4～6h，捞出晾干后催芽播种。也可在温水浸种捞出滤去多余的水分后进行药剂拌种，所用药剂有50%福美双可湿性粉剂，或50%异菌脲可湿性粉剂等，制剂用药量为种子质量的0.2%～0.3%。药剂浸种可用50%多菌灵500倍液浸种1～2h，洗净晾干后催芽播种。

（3）合理轮作，清洁田园，实施健康栽培。

（4）高温控病。参照白粉病防治技术进行高温控病处理。

2.药剂防治

所用药剂及使用技术参照炭疽病药剂防治进行，同时可结合其他真菌病害的发生进行兼治。

十六、茼蒿叶斑病和叶枯病

茼蒿依其叶片大小、缺刻深浅不同，可分为大叶种和小叶种两种类型。大叶茼蒿又称板叶茼蒿或圆叶茼蒿，一般生长缓慢，成熟期较晚，较耐热，耐寒力不强，适宜春夏季种植，以食叶为主。小叶茼蒿又称细叶茼蒿或花叶茼蒿，香味浓，产量较低，生长快，早熟，耐寒力较强，适宜冬季栽培。近年来，随着设施栽培技术的发展，茼蒿可以实现周年生产和供应，导致叶枯病等病虫害发生呈不断加重的态势。

（一）病害症状

茼蒿叶斑病和叶枯病是茼蒿的主要病害，发生普遍，在茼蒿的整过生育期都可发生，主要为害茼蒿的叶片，造成不同程度的叶斑或枯斑。

叶斑病病斑圆形至不规则，病斑中央灰白色，边缘褐色，后期病斑正反两面生有黑色霉层，即病原菌的分生孢子堆和分生孢子。

叶枯病一般在茼蒿生长中后期发生及为害，叶片染病多从叶缘开始，形成灰褐色至黄褐色坏死斑，病斑多不规则，也可在叶面上形成褐色小斑点，后发展扩大与叶缘坏死斑汇合形成不规则大斑，致叶片枯死，并在病斑表面产生灰黑色霉层，即病原菌的分生孢子堆和分生孢子。茼蒿叶斑病和叶枯病常常混合发生，从而加重对叶片的为害。

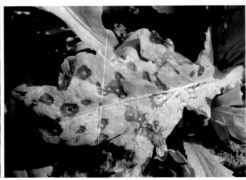

茼蒿叶斑病

茼蒿叶枯病

（二）发生规律

　　茼蒿叶斑病为尾孢属真菌菊尾孢菌侵染所致，该病原菌尚能为害菊花、非洲菊等，引起灰斑病及褐斑病。茼蒿叶枯病为半知菌亚门真菌链格孢属交链格孢菌侵染所致。病原菌以菌丝体和分生孢子在病残体上越冬，通过气流、雨水及农事操作等传播，形成初次侵染和再侵染，适温高湿，病害发展迅速。此外，连续阴雨、多雾多露、地势低洼渍水、偏施氮肥、种植过密、生长衰弱等有利于发病。

（三）防治技术

1. 农业防治

（1）选用抗、耐病品种。目前生产上推广应用的比较抗叶斑病和叶枯病品种不多，可根据当地种植品种的具体表现，选用比较丰产，抗、耐病的品种进行种植。

（2）种子处理。可用50～55℃温水浸种15～20min，再用30℃温水浸泡20～24h，清洗晾干后，置于25℃条件下催芽3～4d后播种，催芽期间每天要用清水清洗一遍种子。也可在温水浸种捞出滤去多余水分后进行药剂拌种，所用药剂有50%福美双可湿性粉剂，或50%异菌脲可湿性粉剂等，制剂用药量为种子质量的0.2%～0.3%。药剂浸种可用50%多菌灵500倍液浸种1～2h，洗净晾干后催芽播种。

（3）合理轮作，清洁田园，实施健康栽培。

（4）高温控病。参照白粉病防治技术进行高温控病处理。

2. 药剂防治　所用药剂及使用技术参照炭疽病药剂防治进行，同时可结合其他真菌病害的发生进行兼治。

十七、番茄早疫病

（一）病害症状

早疫病可为害番茄、茄子、马铃薯、辣椒等作物，是番茄的主要病害之一。该病主要为害叶片，也可为害幼苗、茎和果实。幼苗染病，在茎基部产生暗褐色病斑，病斑稍凹陷有轮纹。成株期叶片被害，多从植株下部叶片向上发展，初呈水渍状暗绿色病斑，扩大后呈圆形或不规则的轮纹斑，边缘多具浅绿色或黄色的晕环，中部呈同心轮纹，潮湿时病斑上长出黑色霉层（分生孢子及分生孢子梗），严重时叶片脱落。茎部染病，病斑多在分枝处及叶柄基部，呈褐色至深褐色不规则圆形或椭圆形病斑，病斑稍凹陷，具同心轮纹，有时龟裂，严重时造成断枝。青果染病，多始于花萼附近，初为椭圆形或不规则褐色或黑色稍凹陷病斑，后期果实开裂，病部较硬，密生黑色霉层。叶柄、果柄染病，病斑灰褐色，长椭圆形，稍凹陷。

番茄早疫病

（二）发生规律

该病是由半知菌亚门链格孢属交链格孢菌侵染所致，病菌以菌丝体、分生孢子随病残体在土壤中越冬，也可在种子和马铃薯种块上越冬。翌年春季，种子上的病菌可直接侵入寄主，越冬分生孢子经雨水溅射，或经气流传播，引起初次侵染。后病斑上产生的分生孢子随气流、雨水传播，进行多次再侵染。病原菌对温度适应性强，15～30℃的条件下均可发生，适温（持续5d日平均气温21℃左右）高湿（连续2d空气相对湿度70%以上）有利于该病的发生与流行。田间一般在结果初期开始发病，盛果期进入发病高峰期。早熟品种比晚熟品种易发病。此外，重茬、过度密植、基肥不足、湿度过高、管理粗放、结果过多或植株长势弱等有利于该病的暴发和流行。

（三）防治技术

1.农业防治

（1）选用抗、耐病品种。品种间抗病性存在一定差异，一般早熟品种、窄叶品种发病偏轻，高棵、大秧、大叶品种发病偏重，可根据当地种植品种的具体表现，选用比较丰产，抗、耐病的品种进行种植。在重病区可选用抗病性较好的品种如迪丽雅、凯旋158、大红1号等进行种植。

（2）种子处理。可用55℃温水浸种10～15min，并不停地搅拌，直至水温降至30℃后停止搅拌，再浸种3～4h，捞出洗净后再催芽播种。也可在温水浸种捞出滤去多余水分后进行药剂拌种，所用药剂有50%福美双可湿性粉剂，或50%异菌脲可湿性粉剂等，制剂用药量为种子质量的0.2%～0.3%。药剂浸种可用50%多菌灵500倍液浸种1～2h，洗净晾干后催芽播种。

（3）合理轮作，清洁田园，实施健康栽培。

（4）高温控病。参照白粉病防治技术进行高温控病处理。

2.药剂防治　所用药剂及使用技术参照炭疽病药剂防治进行，同时可结合其他真菌病害的发生进行兼治。

十八、番茄叶霉病

（一）病害症状

番茄叶霉病是番茄的主要病害之一，主要为害叶片，也可为害花、茎及果实。一般从下部开始发病，逐渐向上部扩展。叶片受害，初期叶面可出现不规则浅黄色褪绿斑，病斑背面长出白色霉层，后逐渐变成灰褐色至黑褐色（内含病菌分生孢子），发病严重时，病斑密集，病叶反拧卷曲、干枯脱落。嫩茎和果柄上的病斑与叶片上的相似，并可延及至花器，引起花和幼果脱落。果实染病，在果蒂附近可形成近圆形稍凹陷病斑，病斑质地坚硬，斑面上有黑褐色霉层（内含病菌分生孢子）。

番茄叶霉病

番茄叶霉病

（二）发生规律

　　该病由真菌中的褐孢霉菌侵染所致，病菌以菌丝体或菌丝块随病残体在土壤中越冬，也可以分生孢子附着在种子表面或以菌丝体潜伏在种皮内越冬。翌年春季，越冬的分生孢子或菌丝体产生分生孢子成为初侵染源，借助气流传播，从叶片、萼片、花梗等部位侵入寄主，引起发病。田间发病后，病斑处可产生大量分生孢子，借助气流和雨水传播，发生再次侵染，使病害蔓延、扩散。适温（气温20～25℃）高湿（空气相对湿度高于90%），连续阴雨或多雾多露等天气有利于该病的发生和流行。此外，重茬，过度密植，基肥不足，湿度过高，管理粗放，结果过多或植株长势弱等都会导致该病发生加重。

（三）防治技术

1.农业防治

　　（1）选用抗、耐病品种。不同番茄品种对叶霉病的抗性存在一定的差异，且各地的叶霉病菌生理小种优势种群也不一定相同。

为此，可因地制宜地选择适合当地种植的抗病品种，如佳粉15、佳粉16、佳粉17、中杂7号、中杂9号、中杂11、沈粉3号、佳红15、毛粉608、金牌国萃、魁冠1号等中高抗叶霉病番茄品种进行种植。

（2）种子处理。可用55℃温水浸种10～15min，并不停地搅拌，直至30℃后停止搅拌，再浸种3～4h，晾干后催芽播种。也可在温水浸种捞出滤去多余的水分后进行药剂拌种，所用药剂有50%福美双可湿性粉剂，或50%异菌脲可湿性粉剂等，制剂用药量为种子质量的0.2%～0.3%。药剂浸种可用50%多菌灵500倍液浸种1～2h，洗净晾干后催芽播种。也可以用2%嘧啶核苷类抗菌素水剂100倍液浸种3～5h，清水洗净晾干后催芽播种。也可用2.5%咯菌腈悬浮种衣剂进行种子包衣，取药剂10mL稀释成150～200mL药液，可包衣或拌3～5kg种子，晾干后播种。

（3）合理轮作，清洁田园，实施健康栽培。

（4）高温控病。参照白粉病防治技术进行高温控病处理。

2.药剂防治　该病属常发性气候性病害，生产上可结合其他真菌病害的防治进行兼治。早期可以生物制剂或保护性杀菌剂为主进行保护或预防，后期应多以内吸性杀菌剂或其复配剂进行治疗。

（1）喷雾。发病初期可用2%农抗120水剂200倍液，2%武夷霉素水剂150倍液，10%多抗霉素可湿性粉剂200倍液，1%申嗪霉素悬浮剂300倍液，77%氢氧化铜可湿性粉剂600～800倍液，70%代森锰锌可湿性粉剂600～800倍液，75%百菌清可湿性粉剂600～800倍液，12%松脂酸铜乳油400倍液等进行喷雾。病害发生和流行期间，可用50%多菌灵可湿性粉剂500～600倍液，25%嘧菌酯悬浮剂1 000～1 500倍液，50%啶酰菌胺水分散粒剂1 500～2 000倍液，40%氟硅唑乳油6 000～8 000倍液，25%腈菌唑乳油2 000～2 500倍液，30%氟菌唑可湿性粉剂2 000～3 000倍液，10%苯醚甲环唑水分散颗粒剂或32.5%苯甲·嘧菌酯悬浮剂1 000 ～ 1 500倍液，30%苯甲·丙环唑乳油（或水分散粒剂）2 000 ～ 3 000倍液，30%噁霉灵水剂800 ～ 1 000倍液等喷雾。施药间隔期为7 ～ 10d，视天气状况和病害发生的严重度，可连续喷药3 ～ 4次。

（2）熏烟。棚室内湿度过大或遇连续阴雨天气，可结合白粉病、炭疽病、灰霉病、早疫病等病害的防治进行熏烟防治。注意药剂的交替使用和安全间隔期规定。

十九、茄子黄萎病

黄萎病，又称凋萎病，俗称"半边疯"，是茄果类蔬菜重要病害之一。近年来随着保护地茄子栽培面积的不断扩大，茄子黄萎病发生及为害呈不断加重的态势。此病除为害茄子外，还可侵染番茄、辣椒、马铃薯、瓜类及棉花、烟草等38科100多种植物。

（一）病害症状

先从叶脉间或叶缘出现失绿呈黄色的不规则斑块，病斑逐渐扩展呈大块黄斑，甚至蔓延整张叶片。发病早期，病叶晴天中午呈现凋萎，早晚尚能恢复。随着病情的发展，不再恢复。病株上的病叶由黄渐变成黄褐色向上卷曲，凋萎下垂以致脱落。重病株最终可形成光杆或仅剩几片心叶。植株可全株发病显症，或从半边发病显症（另半边正常），故称"半边疯"。病株的果实小而少，质地坚硬且无光泽，果皮皱缩干瘪。剖检病株根、茎、分枝及叶柄等部，可见维管束变褐。纵切重病株上的成熟果实，维管束也呈淡褐色，但各剖切部位无混浊乳液渗出（区别于茄青枯病症状）。

黄萎病菌在茄子上引起的黄萎病症状有枯死型、黄斑型和黄色斑驳型3种。

（1）枯死型。植株矮化不严重，叶片皱缩、凋萎、枯死脱落。病情扩展快，常致整株死亡。

（2）黄斑型。植株稍矮化，叶片由下向上形成带状黄斑，仅下部叶片枯死，一般植株不死亡。

茄子黄萎病（枯死型）

（3）黄色斑驳型。植株矮化不明显，仅少数叶片有黄色斑驳或叶尖、尖缘有枯斑，一般叶片不枯死。

茄子黄萎病（黄斑型）

茄子黄萎病（黄色斑驳型）

（二）发生规律

该病由半知菌亚门轮枝孢属大丽轮枝孢菌侵染所致。病菌以菌丝体、厚垣孢子和微菌核随病残体在土壤中越冬，也能以菌丝体和分生孢子在种子内越冬，是病害远距离传播的主要途径。翌年春季，病菌从根部伤口或从幼根表皮、根毛直接侵入，在维管束内大量繁殖，并扩展到枝、叶、果实及种子内，引起发病。带菌土壤、肥料，以及随气流、雨水、人畜和农具等进行传播是该病的主要传播途径。该病一般在现蕾期开始发病，田间发病多在门茄坐果后开始显症。多自下而上或从一边向全株发展，病株表面不产生分生孢子，无再次侵染，属系统性侵染病害。

茄黄萎病发病适温为19～24℃，一般气温20～25℃，土温22～26℃和湿度较高的条件下发病重，久旱、高温发病轻，气温高于28℃或低于16℃时症状受到抑制。重茬、地势低洼、土壤黏重，或多雨年份发病重。肥力不足、灌水不当也会促进发病。此外，定植过早，栽苗过深，起苗带土少、伤根多等，都会加重发病。初夏连续阴雨，或暴雨后导致土温下降而土壤湿度过高，病害明显加重。

（三）防治技术

目前国内外茄子抗黄萎病种质资源匮乏，高抗黄萎病的种质仅占0.8%左右，且为近缘野生种，尚未有真正高抗品种面世，同时由于茄子品种消费的区域性很强，给茄子黄萎病的防治带来一定的难度。因此，茄子黄萎病的防治必须采取预防为主、综合防治的措施。

1.农业防治

（1）选用抗、耐病品种。虽然目前生产上高抗黄萎病的品种很少，但品种之间的抗病性存在一定的差异，一般叶片尖形或长圆形的品种，以及边缘有缺刻、叶面上茸毛多、叶色呈淡紫或浓绿的品种较为抗病，如快圆茄、布利塔、天津大茺、黑紫茄王、紫光大圆茄、紫荣2号等，可根据当地种植品种的具体表现，选用比较丰产，抗、耐病的品种进行种植。

（2）种子处理。茄子种子可携带病原菌，可将干燥的种子在70℃下处理2h进行干热灭菌，或用55℃温水浸种15min，捞出移入冷水冷却后再催芽播种。药液浸种可用1%福尔马林溶液浸种15～20min，或用50%多菌灵可湿性粉剂500倍液浸种0.5～1h，洗净滤去多余水分后催芽播种。也可用50%多菌灵可湿性粉剂拌种，用药量为种子质量0.2%～0.3%。

（3）育苗基质或床土消毒。参照枯萎病防治育苗基质或床土消毒技术进行。

（4）实施轮作。对发生黄萎病的地块，要与非茄科作物进行4年以上的轮作，以减少土壤中病原菌数量。与葱蒜类蔬菜轮作效果较好，最好能进行水旱轮作。

（5）嫁接防治。重茬地栽培，可参照枯萎病嫁接防治的方法，利用野生茄或番茄作砧木，用切接或靠接法进行嫁接，可有效防止黄萎病的发生。

（6）实施健康栽培。茄子黄萎病是根部土传病害，强壮发达的根系是防治黄萎病的一道天然屏障。因此宜采用营养钵、穴盘基质等护根育苗措施，可达到营养充足，出苗整齐、粗壮，根系发达。在起苗、定植时多带土，少伤根。采用高垄栽培，以利排水。定植宜选择在10cm处地温稳定在15℃以上进行。定植时盖地膜，提高地温，保水保肥，促进根系发育，以提高植株的抗病能力。茄子需肥水量大，但若灌水量大却不能及时排出，可诱发黄萎病，所以定植后选晴天高温时浇水，避免浇过冷的井水；生长期间宜勤浇小水，保持地面湿润、不开裂、无积水。每采收1次后，及时追肥。茄子是连续坐果、连续采收的高产作物，为保证其营养均衡吸收，需适时进行植株调整，适时摘除下部老叶，以利通风透光，促进枝叶繁茂，及时采收果实，以防坠秧使植株生长受阻，降低抵抗病菌侵染的能力。

（7）高温闷棚。棚室等保护地栽培，可结合休棚期于定植前，参照枯萎病防治高温闷棚技术及方法进行，可有效防止黄萎病的发生。

（8）土壤消毒。参照枯萎病土壤消毒技术进行。

2.药剂防治　参照枯萎病的药剂防治技术进行。

二十、黄瓜黑星病

（一）病害症状

黄瓜黑星病又称黄瓜疮痂病，是黄瓜的主要病害之一，可为害叶片、茎蔓、卷须和瓜条，幼嫩部位受害重。幼苗期发病，子叶上产生黄白色圆形斑点，以后全叶干枯。成株期嫩茎染病，出现水渍状暗绿色梭形斑，以后变暗色，凹陷龟裂，湿度大时长出灰黑色霉层（内含病菌分生孢子）；卷须染病变褐腐烂；生长点染病，经2～3d后烂掉形成秃桩；叶片染病，开始为污绿色近圆形斑点，后期病斑扩大，呈星状破裂；叶脉受害后变褐色、坏死，使叶片皱缩；瓜条被害形成暗绿色、圆形至椭圆形病斑，直径2～4mm，中央凹陷，龟裂成疮痂状，溢出琥珀色胶状物。

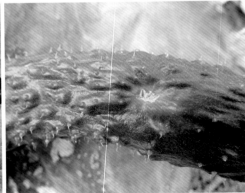

黄瓜黑星病

（二）发生规律

该病由真菌中的黄瓜芽枝霉菌侵染所致，病菌以菌丝体随病残体在土壤中越冬，种子也可以带菌。翌年春季，越冬菌丝体产生分生孢子成为初侵染源，借助雨水、气流和农事操作传播，从伤口、气孔或直接穿透表皮侵入寄主，引起发病。在相对湿度高于93%时，病斑处可产生大量分生孢子，并借助气流和雨水传播，发生再次侵染，使病害蔓延、扩散。分生孢子必须在有水膜的情况下才能萌发，适温（21℃左右）高湿（相对湿度高于90%）、连续阴雨、连作、栽植过密、前期生长势弱等均有利于该病的发生和流行。此外，黄瓜品种间的抗病性也存在一定的差异。

（三）防治技术

1.农业防治

（1）选用抗、耐病品种。品种间的抗病性存在一定的差异，可根据当地种植品种的具体表现，选用比较丰产，抗、耐病的品种，如津春1号、中农11、中农13等进行种植。

（2）种子处理。用55℃温水浸种15min，并不断搅拌，然后让水温降至30℃，继续浸种3～4h，捞起滤去多余的水分后置于25～28℃条件下催芽。也可用50%多菌灵可湿性粉剂500倍液浸种20～30min，清水洗净催芽后播种，或用50%多菌灵可湿性粉剂拌种，用药量为种子质量的0.2%～0.3%。

（3）合理轮作，清洁田园，实施健康栽培。

（4）高温控病。参照白粉病防治技术进行高温控病处理。

2.药剂防治　可结合其他真菌病害的防治进行兼治。

（1）喷雾。发病初期可用2%农抗120水剂200倍液，或2%武夷霉素水剂150倍液，10%多抗霉素可湿性粉剂200倍液，1%申嗪

霉素悬浮剂 300 倍液，75% 百菌清可湿性粉剂 600 ～ 800 倍液，70%
甲基托布津可湿性粉剂 600 ～ 800 倍液，50% 多菌灵可湿性粉剂
500 ～ 600 倍液，430g/L 戊唑醇悬浮剂 3 000 ～ 4 000 倍液，40%
氟硅唑乳油 6 000 ～ 8 000 倍液，25% 腈菌唑乳油 2 000 ～ 2 500 倍
液，30% 氟菌唑可湿性粉剂 2 000 ～ 3 000 倍液，50% 嘧菌环胺可湿
性粉剂 1 000 ～ 1 500 倍液，10% 苯醚甲环唑水分散颗粒剂或 32.5%
苯甲·嘧菌酯悬浮剂 1 000 ～ 1 500 倍液，30% 苯甲·丙环唑乳油
（或水分散粒剂）2 000 ～ 3 000 倍液，25% 嘧菌酯或吡唑醚菌酯悬
浮剂 1 000 ～ 1 500 倍液等喷雾，施药间隔期为 7 ～ 10d，视天气状
况和病害发生的程度，连续喷药 3 ～ 4 次。

（2）熏烟。棚室内湿度过大或遇连续阴雨天气，可参照根腐
病及茎基腐病的防治技术进行熏烟防治。注意药剂的交替使用和
安全间隔期规定。

二十一、黄瓜靶斑病

黄瓜靶斑病是黄瓜生产上的常发性病害，我国于 1992 年首次
在辽宁发现，近年来全国各蔬菜产区普遍发生，危害逐年加重。
该病常与霜霉病、细菌性角斑病等病害混合发生，其症状也与霜
霉病、细菌性角斑病等病害症状易混淆，生产上常常被当着霜霉
病或细菌性角斑病用药防治，从而影响其防治效果。

（一）病害症状

该病主要为害黄瓜叶片，严重时叶柄、茎蔓及瓜条也可发病。
叶片发病，初为水浸状黄色小斑点，直径约 1mm，对光看呈透明
状，后扩展为近圆形、多角形或不规则病斑，病斑稍凹陷，易穿
孔，边缘褐色至深褐色，中央呈灰白色，病健组织界限明显，病

斑整体看上去像一个靶子而得名。有时病斑外围有黄色晕圈，湿度大时出现环状黑色霉状物即病菌的分生孢子，严重时叶面上多个病斑连片呈不规则状，叶片干枯，发病中心植株中下部叶片相继枯死，造成提早拉秧。

黄瓜靶斑病

（二）发生规律

该病病原菌为半知菌亚门真菌中的棒孢菌属棒孢菌，以分生孢子或菌丝体在病残体上越冬，菌丝体或分生孢子在病残体上可存活6个月左右。翌年春季温湿度适宜时，分生孢子萌发成菌丝体，或由越冬的菌丝体，直接侵染幼苗引起初次侵染，潜育期为6～7d。分生孢子可借气流或雨水传播，引起再次侵染。适温（气温25～27℃）高湿（空气相对湿度90%以上）发病重，多雨、昼夜温差大、叶面结露重等有利于此病的发生和流行。此外，连作、偏施氮肥、植株过密或通风透光不良等也可导致该病害发生加重。

（三）防治技术

（1）选用抗、耐病品种。黄瓜品种间的抗病性存在一定的差异，如津春3号、乾德15、研农21等在相同条件下靶斑病发生较轻。因此，可根据当地种植品种的具体表现，选用比较丰产，抗、耐病的品种进行种植。

（2）其他防治方法。参照并结合黄瓜黑星病防治技术进行。

二十二、瓜类蔓枯病

瓜类蔓枯病又称瓜类黑腐病、褐斑病、黑斑病等，该病在瓜类的整个生长期间均可发生，可为害茎蔓、叶片和瓜果等部位，以茎蔓受害最为严重引起蔓枯而得名。瓜类蔓枯病的寄主范围比较广，可为害黄瓜、甜瓜、西瓜、西葫芦、丝瓜、节瓜、冬瓜、苦瓜等多种瓜类蔬菜，是影响瓜类蔬菜生产的重要病害之一，一般田块发病株率为10%～20%，重病田块可高达50%以上，严重影响瓜类蔬菜的产量和品质。

（一）病害症状

幼苗茎部受害，初现水渍状小斑，后迅速向上、下扩展，并可环绕幼茎，引起幼苗枯萎死亡；成株期茎蔓受害多见于茎基部分枝处或节部，开始在节部附近出现水渍状灰绿色病斑，后逐渐沿茎扩展到各节部，病斑褐色或黑褐色，长圆形或短条状，稍凹陷，并密生黑色小粒点（即病菌分生孢子及假囊壳），病斑龟裂处不断分泌出黄色胶汁，干涸后凝结成红褐色的颗粒状胶质物，附着在病部表面，病斑进一步扩大后围绕全茎，病部干缩，病部以上部分枯萎，横切病茎，可见茎周一圈表皮变褐，其维管束不变色，仍维持绿色（与枯萎病症状区别），潮湿时病蔓表皮腐烂，露出维管束，呈麻丝状。

子叶受害，最初呈现褐色水渍状小斑，逐渐发展成直径1～2cm圆形或不规则褐色病斑，病斑上有轮纹，并生有许多黑色小粒点（即病菌分生孢子及假囊壳），病部中心颜色较淡，边缘颜色较深，病健组织分界明显，发病严重时，病斑扩展至整个子叶，引起子叶枯死；真叶发病，病斑常常发生在叶缘，呈 V 形或半圆形黄褐色至深褐色大病斑，病斑上有或明或暗的轮纹，并生有黑色小粒点，天气干燥时病斑易干枯破碎；叶柄发病，可产生褐色不规则病斑，病斑上生有黑色小粒点，雨后病部腐烂，易折断；卷须受害后迅速失水变褐枯死。

果实受害，初呈水渍状小斑点，后变暗褐色圆形大凹陷斑，病部表皮干裂，内部木栓化，常呈星状开裂，并产生黑色溃疡，

黄瓜蔓枯病

丝瓜蔓枯病

甜瓜蔓枯病

病斑上密生小黑粒点，最终可导致果实腐烂。

（二）发生规律

该病病原菌无性世代属半知菌亚门壳二孢属真菌，其有性世代属子囊菌亚门球腔菌属真菌。病原菌主要以分生孢子器和子囊壳随植物病残组织在地表、土壤及未充分腐熟的粪肥中越冬，种子也可带菌。据报道，种子带菌率一般为5%～15%，并可存活18个月以上。翌年春季，病残体中的分生孢子器产生的分生孢子和子囊壳释放的子囊孢子进行初次侵染。种子带菌可先引起子叶发病，病斑上产生的分生孢子，借气流、雨水或灌溉水传播至茎部，从气孔、水孔或伤口侵入，重复侵染、蔓延。瓜类蔓枯病发生为害程度与温度、湿度和栽培管理技术关系密切。在10～34℃范围内，病原菌的潜育期随温度升高而缩短，空气相对湿度超过80%以上易发病。瓜类连作，地势低洼渍水，缺肥和生长势弱的田块发病重，病情发展快；过度密植、偏施氮肥、棚室保护地栽培通风不良或湿度过高等易发病；多雨的年份发病快，常常会引起该病的暴发和流行，发病后7～10d即可毁园，损失惨重。

（三）防治技术

瓜类蔓枯病能否暴发流行，取决于病原菌基数、温湿度等气候条件、品种的抗病性差异及田间栽培管理水平等因素。为此，生产上应采取"预防为主，综合防治"的措施。

1.农业防治

（1）选用抗、耐病品种。品种间的抗病性存在一定的差异，如西瓜较抗蔓枯病品种有西农8号、京欣、新农宝、郑抗、抗病948等，甜瓜较抗蔓枯病品种有伊丽莎白、新蜜杂、龙甜1号、真美丽等，可根据当地种植品种的具体表现，选用比较丰产，抗、耐病的品种进行种植。

（2）种子处理。播种前进行种子药剂处理对蔓枯病有较好的预防效果，药液浸种可用70％代森锰锌可湿性粉剂600～800倍液，或50％甲基托布津500～600倍液，或50％多菌灵500～600倍液等浸种1～2h，捞出用清水冲洗干净滤去多余水分后催芽播种。药剂包衣或拌种可参照根腐病和茎基腐病的防治方法进行，对瓜类蔓枯病具有较好的防效，还可兼治苗期炭疽病、茎基腐病及根腐病等多种病害。

（3）合理轮作，清洁田园，实施健康栽培。

（4）高温闷棚。棚室等保护地栽培，可结合休棚期于定植前，参照枯萎病防治高温闷棚方法及技术进行，可有效防止黄萎病的发生。

（5）土壤消毒。参照枯萎病防治土壤消毒技术进行。

2.药剂防治

（1）喷雾。在发病初期，可选用2％农抗120水剂200倍液，或2％武夷霉素水剂150倍液，10％多抗霉素可湿性粉剂200倍液，1％申嗪霉素悬浮剂300倍液，75％百菌清可湿性粉剂600～

800倍液，70%代森锰锌可湿性粉剂600 ～ 800倍液，50%多菌灵可湿性粉剂500 ～ 600倍液，70%甲基托布津可湿性粉剂600 ～ 800倍液，25%腈菌唑乳油2 000 ～ 2 500倍液，10%苯醚甲环唑水分散性颗粒剂或32.5%苯甲·嘧菌酯悬浮剂1 000 ～ 1 500倍液，30%苯甲·丙环唑乳油（或水分散粒剂）2 000 ～ 3 000倍液喷雾，25%咪鲜胺乳油1 000 ～ 1 500倍液，25%嘧菌酯悬浮剂或25%吡唑醚菌酯悬浮剂1 000 ～ 1 500倍液等进行喷雾，重点喷施瓜蔓中、下部茎叶和地面，每隔5 ～ 7d喷药1次，连续施药2 ～ 3次。

（2）涂茎。对于发病较重的植株，可采用此方法进行防治。涂茎前先用刀刮去腐烂组织，再用70%甲基托布津可湿性粉剂60 ～ 80倍液，或50%多菌灵可湿性粉剂50 ～ 60倍液，25%咪鲜胺乳油100 ～ 150倍液，75%百菌清可湿性粉剂60 ～ 80倍液等，用毛笔蘸取药液涂抹病处。也可结合其他真菌病害的防治进行兼治。注意药剂的交替使用和各药剂的安全间隔期规定。

二十三、煤污病

（一）病害症状

该病又称煤烟病、煤霉病，是豆类、茄果类、瓜类等蔬菜的主要病害之一，可为害叶、茎和果（荚）。其症状是在受害叶片、茎及嫩梢上形成黑色小霉斑，后扩大连片，使整个叶面、嫩梢上布满黑色霉层，影响光合作用，严重时可引起早期落叶，影响产量和品质。煤污病病原菌种类较多，同一植物可染上多种病原菌，其症状上也略有差异，但病斑呈现黑色霉层或黑色煤粉层（内含病菌分生孢子）是该病的重要特征。

辣椒煤污病　　　　　　　　　　　　番茄煤污病

（二）发生规律

　　该类病害是由子囊菌亚门真菌中小煤炱属及其他属的多个种侵染所致。病菌以菌丝体、分生孢子、子囊孢子在病株残体上越冬，翌年春季，病残体上的菌丝体、分生孢子、子囊孢子可借助气流、雨水或灌溉水传播，也可寄生到蚜虫、粉虱等昆虫的分泌物及排泄物上，还可寄生在植物自身分泌物上及寄主上发育。高温多湿，通风不良，蚜虫、粉虱等蜜露性害虫发生重等均可加重发病。

（三）防治技术

（1）合理轮作，清洁田园，实施健康栽培。

（2）治虫防病。及时防治蚜虫、粉虱等蜜露性害虫，可起到较好的治虫防病效果。

（3）药剂防治。所用药剂及防治技术参照炭疽病药剂防治进行，同时可结合其他真菌病害的发生进行防治，可达到较好的兼治该类病害的效果。

二十四、锈病

锈病是蔬菜生产上的一类重要病害，尤其在植株生长中后期，中下部叶片上有时会产生成百上千个孢子堆，严重影响叶片的光合作用，还可造成水分大量蒸腾，叶片早枯或脱落，植株早衰，果荚上形成各种锈斑，影响蔬菜的产量及品质。主要为害豇豆、菜用大豆、蚕豆、豌豆、葱、蒜、鲜食秋玉米及茭白、水芹等多种蔬菜。

（一）病害症状

豇豆锈病

此病主要为害叶片，病叶先出现许多分散的褪绿小点，后稍稍隆起呈黄褐色至红褐色疱斑，为病菌的锈孢子堆或夏孢子堆。疱斑表皮破裂散出锈褐色粉末状物，为病菌的锈孢子或夏孢子。在生长中后期，于夏孢子堆中长出或转变为黑褐色的冬孢子堆，其中生成许多冬孢子。叶柄和茎部染病，生出褐色条状突起疱斑，主要是

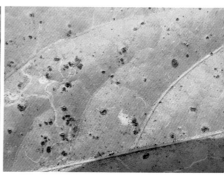

菜豆锈病

夏孢子堆，后亦转变为黑褐色的冬孢子堆。豆荚染病与叶片相似，但夏孢子堆比冬孢子堆稍大些，病荚所结籽粒不饱满。

（二）发生规律

　　蔬菜锈病由担子菌亚门锈菌目的多种真菌侵染所致，该类病原菌以病株残体上存活的菌丝体或冬孢子越冬。其生活史类型因病原菌的种类而异，主要表现为以夏孢子阶段和冬孢子阶段为主的短生活史或不全生活史类型。病原菌主要依靠夏孢子传播，重复侵染为害。生长后期，于夏孢子堆中或病部逐渐出现黑色至灰黑色的冬孢子堆。适温高湿有利于该病害的发生。此外，地势低洼渍水、偏施氮肥、植株过密或通风透光不良等都可导致该病害发生加重。

（三）防治技术

1.农业防治

　　（1）选用抗、耐病品种。品种之间抗病性差别大，如菜豆品种中蔓生品种和矮生品种抗病性较强，蔓生品种中又以细花品种较抗病，大、中花品种较感病等。大蒜品种中紫皮蒜较白皮蒜抗锈病，白皮蒜中又以窄叶蒜较宽叶蒜抗病性稍强等，各地可因地制宜选用抗病、耐病品种进行种植。

（2）合理轮作，清洁田园，实施健康栽培。

2.药剂防治　于病害发生初期，可用2％农抗120水剂200倍液，或2％武夷霉素水剂150倍液，10％多抗霉素可湿性粉剂200倍液，1％申嗪霉素悬浮剂300倍液，75％百菌清可湿性粉剂600 ～ 800倍液，70％代森锰锌可湿性粉剂600 ～ 800倍液，25％丙环唑乳油2 500 ～ 3 000倍液，15％三唑酮可湿性粉剂1 000 ～ 1 500倍液，10％苯醚甲环唑水分散粒剂或32.5％苯甲·嘧菌酯悬浮剂1 000 ～ 1 500倍液，30％苯甲·丙环唑乳油（或水分散粒剂）2 000 ～ 3 000倍液，40％氟硅唑乳油6 000 ～ 8 000倍液，25％腈菌唑乳油2 000 ～ 2 500倍液，30％氟菌唑可湿性粉剂2 000 ～ 3 000倍液，25％嘧菌酯或吡唑醚菌酯悬浮剂1 000 ～ 1 500倍液等喷雾。根据田间病情和天气条件，间隔7 ～ 15d施药1次，连续施药2 ～ 4次。喷药时可加入0.2％展着剂（如洗衣粉等）有增效作用。注意交替用药和各药剂安全间隔期规定。

二十五、十字花科蔬菜软腐病

（一）病害症状

该病属细菌性病害，是十字花科蔬菜主要病害之一，尤以大白菜受害最为严重。该病还可为害马铃薯、番茄、辣椒、莴苣、芹菜、胡萝卜、大葱、洋葱、石刁柏等多种蔬菜。大白菜和甘蓝发病，多从包心期开始，最常见的症状是病株外叶呈萎蔫状，以晴天中午最为明显，严重时外叶平贴地面，叶球外露，叶柄基部和根茎的心髓组织腐烂，变成灰褐色黏稠状物，有恶臭。此外，病害还可使叶柄、外叶边缘、叶球顶部局部腐烂，病斑水渍状，

萝卜软腐病　　　　　　　　　　　　大白菜软腐病

褐色，黏滑有臭味。腐烂病叶经日晒风干后常呈薄纸状紧贴于叶球。病害在大白菜储藏期间可继续扩展，造成烂窖。

（二）发生规律

该病由胡萝卜软腐欧氏杆菌致病变种侵染引起，病菌可在田间病株、土壤中未腐烂的病残体及害虫体内越冬。病原菌主要通过雨水或灌溉水、未腐熟肥料、昆虫等传播，主要从根部侵入，也可从植株的自然孔口或伤口侵入，并可重复侵染为害。病原菌具有潜伏侵染现象，成为生长后期和储藏期腐烂的主要原因。一般到生育后期发病加重、如大白菜包心期遇低温多雨，管理粗放，地势低洼渍水，机械损伤、虫害严重等均有利于该病的发生与流行。

（三）防治技术

1.农业防治

（1）选用抗、耐病品种。品种间抗病性存在一定的差异，如北京100、绿星70等大白菜品种，青帮油菜、苏州青、菜心20、四九菜心等小白菜品种，园春、继春等结球甘蓝品种，杂选1号等萝卜品种都比较抗病。一般舒心直筒品种抗性优于球形、牛心形品种，青帮菜品种较白菜品种抗病，抗病毒病和霜霉病的品种也较抗软腐病等。因此，在该病的常发地和重病地，因地制宜选用抗性品种是最经济有效的措施。同时，应注意抗性品种的提纯复壮，以保持品种的抗病性得以延续。

（2）合理轮作，清洁田园。可与麦类、豆类、韭菜或葱蒜类蔬菜实施轮作，对发生软腐病较重的地块，最好能进行水旱轮作。大白菜等十字花科蔬菜收获后，应及时清洁田园及植株残体，精细翻耕整地，促进病残体腐解，以减少菌源。生长期间发现病株应立即拔除深埋。

（3）实施健康栽培。由于软腐病菌多从植物的根部或茎基部伤口侵入，可采用无病的营养土或穴盘基质等育苗措施，以培育无病壮苗。在起苗、定植时多带土，少伤根，尽量避免造成植株的机械损伤。大田定植应根据品种特性决定适宜的种植密度。低洼潮湿地块可实行高畦栽培、地膜覆盖栽培等，雨后应及时排涝降渍；天气干旱时要做到勤浇小水或进行膜下滴灌，避免大水漫灌。秋季大白菜可适当晚播，使包心期避开传病昆虫发生的高峰期。施足基肥，厩肥等农家肥作基肥使用应充分腐熟，以减少病原菌的带入；及时追肥，同时应注意氮、磷、钾的配比，适当增施磷、钾肥，以提高植株的抗病能力。

（4）治虫防病。及时防治蚜虫、菜青虫、小菜蛾、黄曲条跳甲、菜螟等害虫，可减轻该病的发生。

（5）高温闷棚。棚室等保护地栽培，可结合休棚期于定植前，参照枯萎病防治高温闷棚方法及技术进行，可有效防止黄萎病的发生。

（6）土壤消毒。参照枯萎病土壤消毒技术进行。

2.药剂防治　病害发生初期应及时施药。

（1）喷雾。应对叶片正反两面喷雾，力求均匀周到，近地面叶柄及茎基部都要着药。可用2%春雷霉素水剂500 ～ 800倍液，或3%中生菌素可湿性粉剂500 ～ 800倍液，45%代森铵水剂600 ～ 800倍液，25%络氨铜水剂500 ～ 600倍液，27.12%碱式硫酸铜悬浮剂500 ～ 600倍液，77%氢氧化铜可湿性粉剂600 ～ 800倍液，86.2%氧化亚铜可湿性粉剂800 ～ 1 200倍液，20%噻菌铜悬浮剂500 ～ 700倍液,50%琥珀酸铜可湿性粉剂800 ～ 1 000倍液，20%松脂酸铜水乳剂或乳油800 ～ 1 000倍液，20%噻唑锌悬浮剂400 ～ 500倍液进行喷雾。

（2）喷淋或灌根。定植后，也可用上述药液进行茎基部喷淋或灌根，喷淋时要求喷透喷足药液，灌根时视植株大小每株灌药液100 ～ 250mL。施药间隔期为5 ～ 7d，连续施药2 ～ 3次，注意交替用药和各药剂安全间隔期规定。有些品种对铜制剂比较敏感，须慎用。

此外，田间病株拔除、销毁后，可在病穴内撒施适量生石灰，对控制病原菌的再传播具有一定的效果。

二十六、十字花科蔬菜根肿病

（一）病害症状

该病属细菌性病害，是十字花科蔬菜主要病害之一，尤以甘蓝、白菜、油菜、芥菜受害较为严重，萝卜、芜菁等受害相对较轻。该病主要为害根部，被害植株根部肿大成瘤状。苗期和成株期均可感病受害，但以苗期受害为主。受害植株根系病部由于受到病原菌的刺激，其薄壁组织细胞大量分裂和增大，并形成肿瘤。发病初期，植株地上部症状不明显，当根系发病部位细胞分裂加速膨大时，可导致根的生理机能受到阻抑，病株地上部分则逐渐表现为叶片淡绿、无光泽、叶边变黄、生长缓慢、植株矮小以及萎蔫等症状，严重时全株枯死。肿瘤发生部位、形状和大小因寄主不同而异，在甘蓝、白菜、油菜、芥菜等蔬菜上，肿瘤多发生在主根及侧根上，主根上的肿瘤大而少，侧根上的肿瘤小而数量多，一般多呈纺锤形、手指形或不规则；萝卜、芜菁等根茎类蔬菜，肿瘤多发生在侧根上或根端，主根一般不变形，初期肿瘤表面光滑，后期龟裂而粗糙，常易造成其他病原菌的复合侵染。

小白菜根肿病

大白菜根肿病

（二）发生规律

该病由鞭毛菌亚门根肿菌属芸薹根肿菌侵染引起，病原菌可在寄主根部肿大的细胞内形成休眠孢子囊及休眠孢子，在土壤、病残体中越冬或越夏，孢子囊密集呈鱼卵块状，球形，单胞，无色或略带灰色，膜壁光滑。休眠孢子囊在土壤中存活力很强，一般可存活 8～15 年，条件适宜时可存活 15 年以上。病株、病土及带有病残体的未腐熟肥料是翌年的初侵染源。翌年春季，当温湿度适宜时（土壤含水量达100％时休眠孢子不能萌发），休眠孢子萌发产生游动孢子，游动孢子椭圆形或近球形，同侧着生不等长尾鞭式双鞭毛，可在水中短距离游动，从幼根或伤口侵入，可重复侵染为害。病原菌主要通过雨水或灌溉水、未腐熟肥料、农事操作及昆虫活动等近距离传播，远距离传播主要是通过带病植株的调运和带病泥土的转移等。病原菌从侵入植株到发病表现症状，一般历时 8 ~ 19d，适温（19 ~ 25℃）适湿（相对湿度70％ ~ 90％），土壤酸性（pH5.4 ~ 6.5），重茬或位于病田下游的田块发病重。此外，管理粗放、施用带菌肥料、偏施氮肥、地势低洼渍水、机械损伤、虫害严重等均有利于该病的发生与流行。

（三）防治技术

十字花科蔬菜根肿病的防治应坚持"预防为主，综合防治"方针，采取充分利用品种抗性、杜绝菌源、合理轮作、改良土壤、药剂防治等综合防控技术措施，从而达到有效控制该病的发生及为害。

（1）选用抗、耐病品种。选用抗、耐病性强的品种，是目前控制该病最经济有效的方法。现今，较抗根肿病品种有日韩代表的CR英雄、CR帝王系列、文鼎春宝、文鼎春雷等白菜品种；国内的有京春CR2、京春CR3、CR587、CR589、CR惠民、CR新春、Y670、山东19、抗大3号、新青2号等白菜品种，西园6号、西园14、文甘12、绿抗9号等甘蓝品种，捷如美、雪单3号等萝卜品种。因此，生产中可根据根肿病发生的实际情况，有针对性地选择一些抗、耐病性较好的品种进行种植。同时由于根肿病菌生理小种较多，且其进化程度较高，一些单一抗性的抗病品种易丧失其抗病性，所以获得水平抗性或抗多个生理小种的抗病新品种成为重要的育种目标。

（2）调节土壤pH值。芸薹根肿菌最适的pH为6左右，通常微酸性的土壤有利于此病发生。因此，定植时每亩撒施75～100kg生石灰，并使之与耕作层土壤混匀，提高土壤的pH值，可以减轻发病。

其他防治技术参照十字花蔬菜软腐病的防治技术进行。

二十七、十字花科蔬菜黑腐病

（一）病害症状

该病是十字花科蔬菜主要病害之一，尤以甘蓝、花椰菜受害最为严重，主要为害叶片，常在叶缘形成V形黄褐色病斑，病斑边缘有黄色晕圈，叶脉变黑，天气干燥时，病部干而脆。严重时，病斑可从病叶扩展到叶柄，引起叶柄及茎腐烂，外叶枯死、脱落。萝卜、球茎甘蓝染病可造成肉质根茎

花椰菜黑腐病

甘蓝黑腐病

萝卜黑腐病　　　　　　　　　　　　胡萝卜黑腐病

腐烂变黑。此外，该病在苗期为害还可造成幼苗枯死。

（二）发生规律

　　该病由甘蓝黄色单胞杆菌侵染所致，病原菌可在种子及土壤中的病残体上越冬，一些十字花科杂草如印度芥菜、黑芥、独行菜、荠菜、野生萝卜、大蒜芥等也是细菌性黑腐病菌的寄主。种子上的病菌不仅可附于种子表面，还可进入种皮内，是该病远距离传播的主要途径。病原菌在病残体上可存活2～3年，而离开植株残体后，在土壤中存活不会超过6周。翌年春季，带菌种子上的病原菌可直接萌发侵染幼苗，病残体及十字花科杂草上病原菌通过雨水溅射到茎叶上，从叶片气孔、水孔等自然孔口侵入，也可从伤口侵入发生初次侵染。病菌主要通过种子、雨水、灌溉水、农事操作、带菌肥料、昆虫活动等传播、蔓延，可重复侵染为害。高温（23～30℃）高湿如多雨、多露、多雾等，有利于该病的发生与流行。此外，连作、播种过早、种植密度过大、管理粗放、偏施氮肥、地势低洼渍水、机械损伤、虫害严重等，均会导致该病发生加重。

（三）防治技术

（1）选用抗、耐病品种。不同品种抗病性存在一定的差异，如青帮大白菜、芥菜等极易感病，87-114、晋菜3号、太原2号等大白菜品种抗病性较好，上海青、甘蓝、芥蓝、花椰菜等抗病性较好，生产中可根据黑腐病发生的实际情况，有针对性地选择一些抗、耐病性较好的品种进行种植。

（2）选留无病种子。应从无病田块、无病种株上选种和留种。

（3）种子处理。播种前将种子用50℃温水浸种10min，或将干种子在60℃恒温下处理6h，或用45%代森铵水剂800～1 000倍液浸种20～30min，再经清水洗净、晾干后播种。

其他防治参照十字花科蔬菜软腐病的防治技术进行。

二十八、茄科蔬菜青枯病

（一）病害症状

该病又称茄科蔬菜细菌性枯萎病，主要为害番茄、茄子、辣椒、马铃薯等茄科蔬菜，以番茄、茄子、辣椒、甜椒受害较重。该病一般在开花期显症，常自顶部叶片出现萎蔫，初期在傍晚尚可恢复，后期全株枯死，病叶呈淡绿色。早期发病，病株往往只有一侧叶片萎蔫。病茎下端表皮粗糙，常有不定根长出，纵切病茎可见维管束变色，用手挤压病茎有乳白色的黏液渗出（内含病原细菌），从而可与真菌性枯萎病区分。

（二）发生规律

该病由青枯假单胞杆菌侵染所致，病原菌可在土壤中的病残

番茄青枯病

辣椒青枯病

茄子青枯病

体上越冬。翌年春季，病菌从根部或茎基部伤口侵入，在维管束的导管内繁殖扩展，以致堵塞维管束，破坏植株的输导功能，引起植株枯萎。该病在田间通过雨水或灌溉水、带菌肥料等传播。

高温高湿、地势低洼渍水、土壤微酸性、连作、偏施氮肥等均有利于该病的发生。如大雨后天气突然转晴、气温急剧升高可导致田间青枯病的急性发生。

茄科作物青枯病是一种比较难以防治的病害，病害一旦大面积发生与流行，往往难以得到有效控制。所以，生产上要采用以农业防治为主的综合防治措施进行预防，药剂防治可作为一种补救措施来实施。

（三）防治技术

（1）选用抗、耐病品种。选用抗、耐病性强的品种，是目前控制茄科蔬菜青枯病最经济有效的方法。番茄抗青枯病品种有抗青19、浙粉208、中抗1号、丹粉1号等，茄子抗青枯病品种有紫荣6号、新丰紫红茄、长丰1号等，辣椒抗青枯病品种有早杂2号、粤椒1号、新椒1号等，马铃薯抗青枯病品种有抗青9-1等，生产中可根据青枯病的发生情况，有针对性地选择一些抗、耐病性较好的品种进行种植。

（2）适期播种。青枯病属高温型病害，通常气温在30～37℃时最有利病害发生；土壤温度也影响青枯菌在土壤中存活，土壤温度低于20℃，病害很少发生，温度升高，病害发生加重。因此，通过调节作物的播种期，避过高温季节，避开青枯病发病高峰，可以大大减轻青枯病发生。如春提早栽培可采取提早播种、提早收获，以避过高温季节；秋延后栽培可推迟播种，让前期避过夏天高温季节，以减少发病。

（3）嫁接防治。利用砧木的发达根系及其较抗青枯病的特点，参照枯萎病防治方法进行嫁接育苗，可以减轻青枯病的为害。

其他防治参照十字花科蔬菜软腐病的防治技术进行。

二十九、黄瓜细菌性角斑病和圆斑病

黄瓜细菌性角斑病和圆斑病可为害黄瓜、西瓜、甜瓜等瓜类蔬菜，是瓜类蔬菜主要病害之一。

（一）病害症状

1.黄瓜细菌性角斑病　苗期发病，子叶上形成稍凹陷的圆形病斑，后变黄褐色。成株期发病，叶片上初生水渍状斑点，后扩大成黄褐色、周围有黄色晕圈、受限于叶脉间的多角形病斑，病部最后变成灰白色，干枯后易破裂、穿孔。潮湿时，叶背面病斑上有菌脓（内含病原细菌）出现。瓜果和茎蔓染病，初呈现水渍状黄绿色近圆形小斑，后逐渐变成灰褐色（西瓜）或深绿色（甜瓜）近圆形至不规则大斑，严重时病部凹陷龟裂或形成溃疡，溢出菌脓。

2.黄瓜细菌性圆斑病　主要为害叶片，有时也为害幼茎或叶柄。叶片染病叶背面初现水渍状小斑点，后病斑扩展为圆形或近圆形，很薄，黄色至褐黄色，病斑中间半透明，病部四周具黄色

黄瓜细菌性圆斑病

黄瓜细菌性角斑病

晕圈，菌脓不明显。苗期染病幼叶症状不明显，生长点易受侵染，造成幼苗枯死。幼茎染病导致茎部开裂。果实染病在果实上形成圆形灰色斑点，其上有黄色菌脓，似痂斑。

（二）发生规律

　　黄瓜细菌性角斑病和圆斑病分别由假单胞杆菌属丁香假单胞杆菌黄瓜致病变种及油菜黄单胞菌黄瓜致病变种侵染所致。病原菌可附着于种子表面，或在土壤中的病残体上越冬。翌年春季，带菌种子上的病原菌可直接萌发侵染幼苗，病残体上病原菌通过雨水溅射到茎叶上，从气孔、伤口侵入。该病在田间通过雨水或灌溉水、昆虫、农事操作等途径传播。春、秋两季多雨，昼夜温差大、结露重，地势低洼渍水等均有利于该病的发生。

（三）防治技术

1.农业防治

（1）选用抗、耐病品种。黄瓜品种间抗病性存在一定的差异，如津研2号、津研6号、津早3号、津春1号、津优20、津优30、中农13、龙杂黄5号、黑油条、夏青、鲁青、鲁黄瓜4号等黄瓜品种对细菌性病害抗、耐病性较好，生产中可根据实际情况，有针对性地选择一些抗、耐病性较好的品种进行种植。

（2）选留无病种子。

（3）种子处理。播种前将种子用50℃温水浸种20min，捞出晾干后催芽，或将干种子在70℃恒温下处理72min后播种，或用40%福尔马林溶液150倍液浸种1.5min，再用清水洗净，晾干后催芽播种。

（4）合理轮作，清洁田园，实施健康栽培。

2.药剂防治

关键是抓住发病初期适时施药防治。所用药剂及防治技术参照十字花科蔬菜软腐病的药剂防治进行。

三十、黄瓜细菌性缘枯病

（一）病害症状

黄瓜细菌性缘枯病可为害黄瓜、甜瓜、西瓜等瓜类蔬菜，是瓜类蔬菜的重要病害之一，部分地区发生较重，保护地及露地栽培均可发病。瓜类细菌性缘枯病一般多从下部叶片开始发病，初期在叶缘水孔附近产生水渍状小点，后扩大成淡黄褐色不规则坏死斑，由叶缘向叶片中央发展，受叶脉限制呈 V 形大斑，后期叶片逐渐枯死但叶脉仍保持不同程度的绿色。叶柄、果柄及茎蔓染病，呈水渍状暗绿色至黄褐色病斑，后病部开裂处有时溢出黄白色至黄褐色菌脓；果实染病，果表着色不均，果肉不均匀软化，空气潮湿时病瓜腐烂，溢出菌脓。

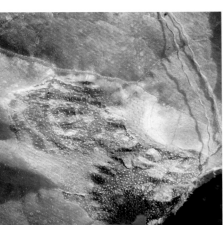

黄瓜细菌性缘枯病

（二）发生规律

黄瓜细菌性缘枯病由假单胞杆菌属边缘假单胞杆菌侵染所致，除种子带菌外，病菌还可随病残体在土壤中越冬。其发病规律同黄瓜细菌性角斑病和圆斑病。

（三）防治技术

参照黄瓜细菌性角斑病及圆斑病的防治技术进行。

三十一、菜豆细菌性疫病

（一）病害症状

　　该病主要为害叶片，也可为害茎、豆荚及种子。受害叶片多从叶尖或叶缘开始发病，初生暗绿色水渍状斑点，后扩大为不规则形褐色坏死病斑，周围有黄色晕圈，后病部逐渐变硬，薄而透明，易脆裂，最终叶片干枯如火烧状，故又称"叶烧病"。嫩叶受害，皱缩、变形，易脱落。茎蔓染病，初为水渍状斑点，后逐渐发展成褐色凹陷条斑，环绕茎一周后，致病部以上枯死。豆荚染病，初为红褐色、稍凹陷的近圆形斑，严重时豆荚内种子亦出现黄褐色凹陷病斑。在潮湿条件下，叶、茎、豆荚病部及种子脐部，均有黄色菌脓溢出。幼苗发病，茎基病斑呈红色，严重时病苗枯死。

菜豆细菌性疫病

（二）发生规律

　　该病由黄单胞杆菌属菜豆疫病致病型细菌侵染所致，病原菌主要在种子内越冬，并可在种子内存活2～3年，还可随病残体在田间越冬，成为初侵染来源。带菌种子萌发后，病菌从子叶和生长点侵入，沿维管束向全株及种子内扩展，致使病株萎缩或枯萎。病菌经雨水或灌溉水、昆虫等传播，可从植株的气孔、皮孔、伤口侵入，引起茎叶发病。高温（气温24～32℃）高湿（空气相对湿度大于90%）及连续阴雨或多雾多露天气均有利于该病的发生。重茬、管理粗放、肥力不足、植株长势弱、虫害发生严重等都可导致病害发生加重。

（三）防治技术

1.农业防治

（1）选用抗、耐病品种。品种间抗病性存在一定的差异，一般蔓生种较矮生种抗病，生产中可根据实际情况，有针对性地选择一些抗、耐病性较好的品种进行种植。

（2）选留无病种子。

（3）种子处理。播种前将种子用50℃温水浸种15min，捞出晾干后播种，或用40%福尔马林溶液150倍液浸种1.5h，再用清水洗净，晾干后播种。

（4）合理轮作，清洁田园，实施健康栽培。

2.药剂防治 所用药剂及防治技术参照十字花科蔬菜软腐病药剂防治进行。

三十二、辣椒疮痂病

辣椒疮痂病是世界性分布病害之一，早在我国东北地区发生严重，并曾列为我国检疫性病害。随着我国辣椒栽培面积的扩大及设施栽培技术的发展，该病的发生呈不断加重的态势。

（一）病害症状

辣椒疮痂病又名辣椒细菌性斑点病，能为害辣椒、番茄。主要为害叶片，也可为害茎、叶柄、果柄及果实。叶片染病后，初期出现许多圆形或不规则状的墨绿色至暗褐色斑点，受害严重的叶片其叶缘、叶尖变黄，最后干枯脱落。茎、叶柄、果柄染病

辣椒疮痂病

后呈不规则条斑或斑块，果实染病后出现圆形或长圆形墨绿色病斑，病斑边缘略隆起，中间稍凹陷，木栓化后表面粗糙，中间开裂，呈疮痂状。天气潮湿时，病部有菌脓溢出（内含病原细菌）。

（二）发生规律

该病由黄单胞杆菌属辣椒斑点病致病型细菌的多个小种侵染所致，病原菌附着在种子表面或随病残体在土壤中越冬。翌年春季，病原菌经雨水、昆虫传播，从寄主气孔、伤口侵入，引起寄主发病。病斑上溢出的病菌可引起重复侵染。高温高湿是诱发该病发生的重要条件。此外，植株受暴风雨袭击，生长势弱，虫害严重等均会导致该病发生加重。

（三）防治技术

1.农业防治

（1）选用抗、耐病品种。目前生产上推广应用的抗病品种不多，可根据当地种植品种的具体表现，因地制宜选择比较抗、耐疮痂病的辣椒品种进行种植。

（2）种子处理。播种前辣椒种子可用55℃温水浸种10min，番茄种子可用50℃温水浸种30min，捞出经晾干、催芽后播种。也可用1%硫酸铜浸种5min，或用0.1%高锰酸钾溶液浸种15min，或用40%福尔马林溶液150倍液浸种1.5h，用清水洗净、晾干，再催芽播种。

（3）合理轮作，清洁田园，实施健康栽培。

2.药剂防治　所用药剂及防治技术参照十字花科蔬菜软腐病药剂防治进行。

三十三、十字花科蔬菜病毒病

（一）病害症状

十字花科蔬菜病毒病又称孤丁病，是大白菜、小白菜、甘蓝、萝卜等十字花科蔬菜的主要病害之一。大白菜发病，苗期表现为花叶、皱叶、病株矮化；成株期表现为叶片黄化，或着生环形坏死斑、黑点、黑线等，病株有不同程度的矮化，病情严重的不能包心或包心不良，如果用病株留种，抽出的薹会变短、扭

小白菜病毒病

大白菜病毒病

曲，荚果小，籽粒不饱满。小白菜、萝卜、油菜发病，叶片上表现为明脉、褪绿、花叶或畸形，早期发病的植株矮化，病株留种，则结荚不多，籽粒不饱满。甘蓝发病，苗期表现为叶片上出现黄绿相间的斑驳，成株期表现为老叶背面出现黑色坏死斑等，发病早的植株矮化，结球迟而疏松，内部叶片上有黑色坏死斑等症状。

萝卜病毒病

（二）发生规律

该病由芜菁花叶病毒、黄瓜花叶病毒、烟草花叶病毒、萝卜花叶病毒等多种病毒单独或混合侵染引起，可周年在白菜、萝卜、菠菜、苋菜等多种蔬菜和杂草上传播为害。该病毒主要由桃蚜、甘蓝蚜等蚜虫传播。该病发生与环境条件关系十分密切，高温（28℃以上）干旱，蚜虫繁殖速度快、传毒能力强，有利于该病的发生。植株发病程度还与其受感染的生育期有关，如大白菜在7叶期前受感染则发病最重。其他如播种过早、菜地邻近毒源、传毒的虫源较多，以及菜地管理粗放、地势低洼渍水、土壤干燥、缺水缺肥等、均可加重该病的发生。

（三）防治技术

1.农业防治

（1）选用抗、耐病品种。品种间的抗病性存在一定的差异，如核桃纹、小青口、大青口、青麻叶等青帮大白菜较抗病，各地应根据当地种植品种的具体表现，选用较丰产、抗病的品种。

（2）适期播种。该病常年发生严重的地区，可适当提早或推迟播种期，以错开发病高峰期。

（3）合理轮作，清洁田园，实施健康栽培。

（4）治虫防病。及时防治蚜虫、粉虱等传毒害虫的为害，可减轻该病的发生。

2.药剂防治　可在病毒病发生前和发生初期，用1.5%植病灵（0.1%三十烷醇+0.4%硫酸铜+1%十二烷基硫酸钠）水乳剂1 000倍液，或0.5%氨基寡糖素水剂400 ～ 600倍液，0.5%菇类蛋白多糖水剂250 ～ 300倍液，10%混合脂肪酸水剂100倍液，5%宁南霉素水剂300倍液，20%盐酸吗啉胍可湿性粉剂600倍液，20%盐酸吗啉胍·乙酸铜（10% +10%）可湿性粉剂600倍液等喷雾，施药间隔期为7 ～ 10d，连续喷雾3 ～ 4次。注意药剂的交替使用和安全间隔期规定。

三十四、辣椒病毒病

（一）病害症状

辣椒病毒病主要为害叶片和枝条，常见有花叶、黄化、坏死和畸形4种症状。

（1）花叶。顶部嫩叶皱缩，出现凹凸不平的花斑。发病初期，嫩叶叶脉呈明脉。

（2）黄化。整株叶片褪绿呈金黄色，落叶早，早衰。

（3）坏死。花、蕾、嫩叶变黑枯死脱落，顶枯，茎秆上出现褐色坏死条斑；叶片及果实上出现黑褐色大型环纹，果实顶端变黄。

（4）畸形。叶片细长或蕨叶；植株矮化，茎节缩短，僵果，叶片暗绿色；或植株矮小，枝条多，呈丛枝状，结果少。大田生产中以花叶型发生较多，多数情况几种类型混合发生。

辣椒病毒病（花叶）

辣椒病毒病（黄化）

（二）发生规律

该病由黄瓜花叶病毒（约占55%）、烟草花叶病毒（约占26%）为主的多种病毒侵染引起，既可由蚜虫传播，又可通过接触传播，黄瓜花叶病毒还可为害菠菜、杂草和保护地蔬菜，翌年春、夏由蚜虫传播引起发病。烟草花叶病毒主要在种子、病残体上越冬，翌年通过农事操作接触或由伤口传播引起发病。干旱有利于蚜虫的发生和传播，不利于辣椒的生长，因此干旱年份该病发生重。台风暴雨会造成植株伤口，有利于该病的传播。另外，定植晚、连作、地势低洼、土壤贫瘠等均有利于该病的发生。一般露地栽培于5月中下旬开始发病，6～7月盛发，8月份高温干旱后，病情加重。

（三）防治技术

1.农业防治

（1）选用抗、耐病品种。辣椒抗、耐病毒病品种较多，如冀研4号、冀研5号、冀研6号、冀研12、冀研13、椒冠106、中椒4号等甜椒品种，冀研8号、吉椒8号、吉椒126、吉椒312、吉椒549、赤峰牛角椒、牛角211、朝地椒1号、湘研15、中椒7号、金塔系列辣椒、日本三樱椒、益都红辣椒等辣椒品种，可因地制宜选择当地比较抗、耐病毒病的辣椒品种进行种植。

（2）种子处理。播种前先将种子用清水浸泡1～2h，捞出后再用10%磷酸三钠溶液浸种20～30min，或先用肥皂水搓洗后，再用0.1%高锰酸钾液浸种10～15min，捞出用清水洗净、晾干，再催芽播种，或将干种子置于70℃的恒温箱中处理72h，再行播种。

（3）实施健康栽培。

（4）治虫防病。

（5）避免人为传毒。农事操作前先用肥皂水洗手，对农具进行消毒，田间操作按照先健株后病株的程序，避免人为传播。

2.药剂防治

所用药剂及防治技术参照十字花科蔬菜病毒病的药剂防治进行。

三十五、番茄病毒病

（一）病害症状

番茄病毒病田间症状通常有花叶、蕨叶、条斑、卷叶、黄顶及坏死等。

（1）花叶。叶片呈黄绿相间或深浅相间的斑驳，或略有皱缩现象。

（2）蕨叶。植株矮化，上部叶片成线状、中下部叶片微卷，花冠增大成巨花。

（3）条斑。叶片发生褐色斑或云斑，或茎蔓上发生褐色斑块，变色部分仅处于在表皮组织，不深入内部。

（4）卷叶。叶脉间黄化，叶片边缘向上方卷曲，小叶扭曲、畸形，植株萎缩或丛生。

（5）黄顶。顶部叶片褪绿或黄化，叶片变小，叶面皱缩，边缘卷起，植株矮化，不定枝丛生。

（6）坏死。部分叶片或整株叶片黄化，发生黄褐色坏死斑，病斑呈不规则状，多从边缘坏死、干枯，病株果实呈淡灰绿色，有半透明状浅白色斑点透出。多数情况几种类型混合发生。

番茄病毒病（蕨叶）

番茄条斑病毒病

（二）发生规律

该病由烟草花叶病毒、黄瓜花叶病毒为主的多种病毒侵染引起，其中烟草花叶病毒主要由接触传播，可在种子和多种作物上越冬，土壤中的病残体、烤烟后的烟叶和烟丝，也是初侵染源，由农事操作、雨水传播引起发病。黄瓜花叶病毒主要由蚜虫传播，多在冬季宿根杂草上越冬，翌年春、夏由蚜虫传播到番茄上引起发病，高温干旱有利于该病发生。台风暴雨造成植株伤口，有利于该病的传播。此外，偏施氮肥、土壤贫瘠、黏重、排水不良等均有利于该病的发生。一般露地栽培于5月中下旬开始发生，6～7月盛发，8月份高温干旱后，病情加重。

（三）防治技术

番茄抗、耐病毒病品种比较多，如霞粉、大红1号、T粉86、中杂9号、中杂11、佳粉15、中蔬4号、毛粉608、毛粉802、鞍粉1号、苏粉11、粉皇后、鲁番茄3号、合作903、早丰、西粉3号、苏抗11、早粉2号、田园保冠等，及京丹1号、金皇帝系列樱桃番茄等品种。因此，可根据当地种植品种的具体表现，选用比较丰产，抗、耐病的品种进行种植。

其他防治措施可参照辣椒病毒病的防治方法进行。

三十六、瓜类病毒病

（一）病害症状

瓜类病毒病可为害西葫芦、甜瓜、南瓜、丝瓜、黄瓜等多种瓜类蔬菜，其症状通常表现为花叶、皱叶、绿斑、黄化等类型。

（1）花叶。在黄瓜、丝瓜、西葫芦上较常见，叶片上出现黄绿不均的斑驳，发病早的可引起全株萎蔫。

（2）皱叶。在黄瓜、南瓜上比较常见，新叶沿叶脉出现浓绿色隆起皱纹，或叶片变小，出现蕨叶、裂片，果面出现花斑，或产生凹凸不平瘤状物，果实多畸形，严重时病株枯死。

（3）绿斑。主要在黄瓜上发生，发病时，新叶产生黄色斑纹，绿色部分隆起呈瘤状，严重时新叶白天萎蔫，果实上产生浓绿色花斑和瘤状突起，多为畸形果。

（4）黄化。主要在黄瓜上发生，叶片变黄，但叶脉保持绿色。

黄瓜病毒病

西瓜病毒病

发病初期叶脉间可产生水渍状小斑点，病叶硬化，向叶背面卷曲。

（二）发生规律

瓜类病毒病由多种病毒侵染引起，主要有黄瓜花叶病毒、甜瓜花叶病毒、南瓜花叶病毒、烟草环斑病毒等。其中，一些病毒在多年生杂草和冬季蔬菜寄主上越冬，一些病毒可在种子上越冬（甜瓜花叶病毒），翌年春季通过蚜虫、农事操作和汁液接触传播。带毒土壤也是初侵染源，农事操作是该病传播的主要途径。高温、干旱、日照强，有利于蚜虫的繁殖和迁飞传播，也有利于该病的发生。此外，缺水、缺肥、管理粗放等也有利于该病的发生。

（三）防治技术

瓜类品种之间抗病毒病具有一定的差异，目前市场上比较高抗病毒病的品种不多，但近年来也相继推出一些比较抗、耐病毒病品种，如荷兰35、绿冠A8、夏秋1号、中农8号等黄瓜品种，8424、新欣1号、荆杂20、墨童、瑞绿1号等西瓜品种，抗病皇后、红密脆、香妃密、金密宝、红密宝、贵妃等甜瓜品种。因此，可根据当地种植品种的具体表现，选用比较丰产，抗、耐病的品种进行种植。

其他防治措施可参照辣椒病毒病的防治方法进行。

三十七、菜豆花叶病毒病

（一）病害症状

菜豆花叶病毒可为害菜豆、豇豆、大豆、番茄、菊花、芹菜、心叶烟、普通烟等。症状可表现为明脉、褪绿或皱缩，后呈花叶，花叶的绿色部分常突起或凹陷，叶片向下弯曲，或变成畸形，病情严重时，植株生长不良、矮化、结荚少，豆荚有时呈畸形。夏季高温时症状不明显，仅表现为叶片变小。

菜豆花叶病毒病

（二）发生规律

菜豆花叶病毒病由多种病毒侵染引起，主要有菜豆普通花叶病毒、菜豆黄花叶病毒和黄瓜花叶病毒菜豆株系三种。其中，由菜豆普通花叶病毒引起的花叶病主要靠种子传毒，也可通过桃蚜、菜缢管蚜、棉蚜及豆蚜等传毒；菜豆黄花叶病毒和黄瓜花叶病毒菜豆株系的初侵染源，主要来自越冬寄主，在田间也可通过桃蚜和棉蚜传播。该病受环境条件影响较大，温度在28℃以上或在18℃以下显症轻，只表现轻微花叶；20～26℃利于显症，多表现重型花叶、矮化或卷叶。菜豆生长期间，土壤缺肥、干旱发病重，光照时间长或光照强度大，症状显现尤为明显。

（三）防治技术

目前生产上使用的抗、耐菜豆病毒病豆类品种比较多，如黑农41、铁丰29、铁丰31、楚秀、华春18、跃进2号、跃进3号、徐州424、京黄3号、小寒王、通豆6号、苏豆17、苏豆18、苏奎

3号、苏新6号、中黄4号、长农7号、科黄2号、文丰3号、文丰5号、丰收15、九农5号、九农9号、西农65(9)等菜用大豆品种，优胜者、芸丰、平芸1号、超常四季豆、冀芸5号等四季豆品种，之豇28-2、张塘2号等豇豆品种。因此，可根据当地种植品种的具体表现，选用比较丰产，抗、耐病的品种进行种植。

其他防治措施参照辣椒病毒病的防治方法进行。

三十八、玉米粗缩病

（一）病害症状

鲜食玉米整个生育期都可感染发病，5叶期前为最易感病期，10叶期后抗性增强。幼苗受害，5～6叶期叶片即可显症，开始在心叶基部及中脉两侧产生透明的油浸状褪绿条点，逐渐扩及整个叶片，病苗矮化，心叶不能正常展开，叶片宽短僵直，叶色浓绿，节间粗短，顶叶簇生，病叶背部叶脉上产生蜡白色隆起条纹。至9～10叶期，病株矮化现象更为明显，上部节间短缩粗肿，病株高度不到健株一半，多数植株不能抽雄。个别雄穗虽能抽出，但分枝极少，没有花粉；果穗畸形，花丝极少，严重

玉米粗缩病

时不能结实，尤其对鲜食玉米的产量及品质影响较大。

（二）发生规律

玉米粗缩病是由玉米粗缩病毒引起的一种玉米病毒病，主要由灰飞虱持久性带毒及传播，此病的发生很大程度上取决于灰飞

虱田间种群数量的多少和带毒率的高低。灰飞虱若虫或成虫在田边杂草和田内麦苗上等处越冬，为翌年初侵染源。春季带毒的灰飞虱将病毒传播到返青的小麦上，后由小麦和田边杂草等处再传到玉米和水稻上。近年来，玉米粗缩病的发生呈明显加重的态势，并由北向南扩展蔓延，灰飞虱发生密度大和带毒率高是导致玉米粗缩病偏重发生的主要原因。长江流域一般在5月底至6月上中旬，小麦收割前后、水稻移栽前，大量的灰飞虱从麦田迁飞至玉米上为害，是玉米粗缩病发生的高峰期。晚播春玉米及早播夏玉米（4月20日至6月20日）发病重；靠近地头、渠边、路旁杂草多的玉米发病重；靠近菜田等潮湿而杂草多的玉米发病也重。此外，玉米不同品种之间其发病程度亦有一定差异。

（三）防治技术

1.农业防治

（1）加强监测和预报。早春开始，在病害常发地区定点、定期调查小麦、田间杂草上灰飞虱发生密度和带毒率，并结合玉米播期及种植模式，对玉米粗缩病发生趋势做出及时准确的预测预报，指导防治。

（2）选用抗、耐病品种。尽管目前生产上缺少对粗缩病抗性较强的品种，但品种间的感病程度仍存在一定差异。因此，要根据当地品种抗性的具体表现，选用抗（耐）性相对较好的品种。

（3）种子处理。可用70%噻虫嗪可分散性种子处理剂按种子质量的0.2%～0.3%拌种，或用25%吡虫啉悬浮种衣剂按种子质量的2%进行包衣，可收到一定的治虫防病的效果。

（4）调节播期。根据玉米粗缩病的发生规律，在病害重发地区，应调整播期，使玉米对病害最为敏感的生育时期避开灰飞虱成虫盛发期，以降低发病率。长江流域，春播玉米应适当提早播种（4月20日前），夏播玉米应适当推迟播种（6月20日后）。

（5）清除杂草等传毒介体。路边、田间杂草是玉米粗缩病传毒介体灰飞虱的越冬越夏寄主，必须经常清除。对麦田残存的杂草，可先人工锄草后再喷药除草。

（6）实施健康栽培。结合定苗，拔除田间病株，集中深埋或烧毁，减少粗缩病侵染源。及时中耕、松土，合理施肥、浇水，促进玉米生长，缩短感病期，减少传毒机会，并增强玉米抗病能力。

2.药剂防治　玉米2叶1心时，对发现有病的田块，可采用喷施杀虫剂+抗病毒剂+叶面肥的方法进行防治。杀虫剂有抗蚜威、扑虱灵、吡蚜酮等，以及吡虫啉、啶虫脒、烯啶虫胺、氯噻啉、噻虫啉、噻虫嗪、噻虫胺、呋虫胺等烟碱类杀虫剂及其复配剂；抗病毒剂有植病灵、氨基寡糖素、菇类蛋白多糖、混合脂肪酸、盐酸吗啉呱、宁南霉素等；叶面肥有磷酸二氢钾、988复合菌剂等，可按照各药剂的使用方法及注意事项进行配制和施用，每隔7～10d喷施1次，连续施药2～3次。

三十九、根结线虫病

根结线虫病是蔬菜的主要病害之一，可为害瓜类、豆类、茄果类、十字花科蔬菜及菠菜、茼蒿、芹菜、香菜、胡萝卜、洋葱等30多种常见蔬菜，寄主范围广，发生为害普遍，尤以种植面积较大的黄瓜、番茄、茄子、芹菜等受害最为严重。特别是近年来，随着保护地栽培面积的扩大，该病的发生及为害呈不断加重的态势，一般可导致减产20％～50％，严重的甚至绝收，已成为蔬菜生产的重要障碍之一。此外，根结线虫还可以和真菌、细菌、病毒相互作用形成复合侵染，加重对蔬菜的为害。

（一）病害症状

　　根结线虫主要侵染根部，以侧根、须根受害最重，形成大量瘤状根结。根结大小及其在根部的分布因不同蔬菜种类及不同根结线虫种类而异。豆科、葫芦科蔬菜受害，其侧根和须根可形成大小不等成串的瘤状根结。根结大小似米粒或绿豆粒，初为白色，质地柔软，后变成浅黄褐色至深褐色，表面粗糙，有时龟裂。茄科、十字花科蔬菜受害，其侧根和须根细胞增生畸形，形成肿大的块状根结，造成根系萎缩、畸形，根的输导组织结构严重受损或畸形，水分、养分不能正常运输，严重影响植株根部对水分、养分的吸收和利用。由于根部受害，植株地上部分表现为叶色变淡或发黄，植株矮小，生长势弱，果菜开花延迟、结实不良或不能结实。病株在晴天中午前后，地上部分呈萎蔫状，早晚能恢复，

黄瓜根结线虫病

番茄根结线虫病

落葵根结线虫病

豇豆根结线虫病

严重时，植株根系坏死，底部叶片极易脱落。

（二）发生规律

该病由多种根结线虫侵染所致，病原线虫以卵在病株根内随病残体在土壤中越冬，或以2龄幼虫在土壤中越冬。翌年春季，越冬卵孵化成幼虫，越冬的2龄幼虫则继续在土壤中发育，靠土壤、水流传播，从寄主嫩根侵入。幼虫可以在土中作短距离移动，但速度很慢，故该病不会在短期内大面积流行。幼虫侵入后，刺激根部细胞增生，形成肿瘤。幼虫在肿瘤内发育至4龄性成熟，开始交尾产卵。雄虫交尾后进入土中死亡，卵在瘤内孵化，1龄幼虫在卵内生长，2龄幼虫出卵并进入土中，侵入寄主根部，若值秋后则在土中越冬。秋末孵化的卵可随病根在土壤中越冬。土壤温度20～30℃、相对湿度40%～70%适宜线虫繁殖，一般地势高燥、土壤疏松、透气性好的沙质壤土发病较重，而黏重、潮湿的土壤发病较轻，土壤pH值为中性时有利于幼虫的活动和侵入，土壤pH值为酸性或碱性时则不利于幼虫的活动和侵入。

（三）防治技术

由于根结线虫寄主范围广，又发生在土壤中，给防治工作带来极大的困难。为此，生产实践中应采取农业防治、生物防治及药剂防治相结合的综合防治技术措施。

1.农业防治

（1）选用抗、耐病品种，培育无病壮苗。选育和利用抗、耐根结线虫的品种是防治根结线虫病最方便、有效的方法。禁止使用病田或有病土壤育苗，同时结合种子处理和土壤消毒处理以切断线虫的有效传播途径，培育无病壮苗。

（2）合理轮作，清洁田园。轮作是改良土壤环境，压低虫源基数，控制根结线虫蔓延、为害的有效措施。如瓜类、芹菜、番茄较易感病，受害重，可与葱、蒜、韭菜、辣椒等感病轻的蔬菜轮作。发病严重地块最好与禾本科作物轮作，有条件的地方可种一季水稻，实行水旱轮作。前茬蔬菜收获后彻底清洁田园，对病株残体及地边杂草等，集中深埋或烧毁，以减少土壤中根结线虫的数量。

（3）植物诱控。在发病严重的棚室内种植菠菜、小白菜、生菜等易感根结线虫的速生叶菜，其生长期仅1个月左右，待根部形成大量根结后进行采收，采收时应尽可能将病根全部挖出，集中销毁，以减少土壤中根结线虫的数量，从而达到控制或减轻根结线虫对下茬蔬菜的为害。

（4）嫁接防治。利用砧木的发达根系及其耐根结线虫的特点，参照枯萎病防治方法进行嫁接育苗，可以减轻根结线虫对蔬菜的为害。

（5）高温闷棚。棚室等保护地栽培，可结合休棚期于定植前，参照枯萎病防治高温闷棚方法及技术进行，可有效防止根结线虫病的发生。

2.药剂防治　化学防治仍然是根结线虫病害最经济有效的防治手段。目前推广用于蔬菜根结线虫病害绿色防控的化学产品主要分为两大类：一类如氰氨化钙、棉隆等土壤熏蒸杀线剂；另一类是以阿维菌素或甲氨基阿维菌素苯甲酸盐（甲维盐）、噻唑膦、氟吡菌酰胺、三氟咪啶酰胺、氟烯线砜等为主的非熏蒸杀线剂。前者必须在蔬菜播种前或定植前提前施用，而非熏蒸杀线剂可在播种前、种植时及作物生长期间使用。

（1）氰氨化钙。氰氨化钙又名石灰氮。氰氨化钙本身也是一种碱性肥料，其分解后的氰胺进一步分解成氨，可作基肥使用。具体使用可参照枯萎病防治中氰氨化钙土壤熏蒸消毒技术进行。使用氰氨化钙必须掌握正确方法，使用不当易产生药害、肥害，施用后必须在规定的安全间隔期后方可播种或定植。由于氰氨化钙分解产生的氰胺对人体有害，使用时应特别注意施药人员的安全防护。氰铵化钙偏碱性，不宜与硫酸铵、过磷酸钙等酸性肥料混合施用。

（2）棉隆。棉隆是一种高效、低毒、低残留广谱性土壤熏蒸消毒剂，施用于潮湿土壤中时，能有效地杀灭土壤中各种线虫，是一种较为理想的环保型土壤熏蒸消毒处理剂，剂型有98%或99%颗粒剂等。棚室等保护地栽培可结合休闲期或换茬期间合理施用，具体可参照枯萎病防治中棉隆土壤熏蒸消毒技术进行。

（3）甲氨基阿维菌素苯甲酸盐（甲维盐）。有1%甲氨基阿维菌素苯甲酸盐乳油、5.7%甲氨基阿维菌素苯甲酸盐颗粒剂等剂型，其使用方法与阿维菌素相同，具体施用和注意事项应按产品说明书进行。

（4）噻唑膦。剂型有10%颗粒剂、75%乳油、20%水乳剂等，属低毒有机磷杀线虫剂，可广泛应用于黄瓜、番茄、西瓜等蔬菜及香蕉、果树、药材等作物。施药方法：种植前，用10%噻唑膦颗粒剂2.25～3.00kg/hm^{2}拌细干土45～60kg，均匀撒施于土表或畦面，再翻耕15～20cm，使药土充分混合；也可将药土均匀撒施在种植沟内或定植穴内，再浅覆土。施药当日即可播种或定植（施药与播种、定植的时间应尽可能缩短）。对线虫的防效可达75%～90%。

（5）氟吡菌酰胺。防治根结线虫病可在播种时或定植时及蔬菜生长期使用，可用于灌根、滴灌、冲施、土壤混施、沟施等。据试验，50%氟吡菌酰胺悬浮剂防治番茄根结线虫病，制剂用量0.024～0.03mL/株（按种植密度33 000株/hm^{2}计，有效药量396～495g/hm^2），加水稀释进行灌根，对番茄根结线虫的防效达48.4%～75.4%，是降低农药用量的理想产品。

（6）三氟咪啶酰胺。此化学杀线虫剂已由科迪华在中国推出，将成为土壤根结线虫等有害线虫绿色防控的替代产品。

（7）氟烯线砜。主要用于防治多种作物线虫，如爪哇根结线虫、南方根结线虫、北方根结线虫、马铃薯白线虫。目前，95%氟烯线砜原药和40%氟烯线砜乳油在我国已进行了登记，主要用于土壤喷雾防治黄瓜根结线虫，40%氟烯线砜乳油制剂用药量为每公顷7 500～9 000mL。以上各药剂的具体使用方法及注意事项请参照产品说明书。

下面重点介绍近年来开发的生物杀线虫剂。生物杀线虫剂是利用生物源制剂来防治对农作物有害的线虫的农药的总称，根据其来源可以分为三大类：一类为微生物活孢子剂，如厚孢轮枝菌剂、淡紫拟青霉菌剂、嗜硫小红卵菌剂、芽孢杆菌（如苏云金芽孢杆菌、坚强芽孢杆菌、蜡质芽孢杆菌）剂等；第二类为微生物代谢产物，如阿维菌素等；第三类为植物源农药，如20%异硫氰酸烯丙酯可溶液剂等。

（8）厚孢轮枝孢菌剂。制剂：有效活菌数≥2.5亿 cfu/g 或≥25亿cfu/g 等。2.5亿 cfu/g厚孢轮枝孢微粒剂防治蔬果根结线虫的用量为每亩2～3kg，可在作物播种或移栽时一次性施入，使用方便。厚孢轮枝孢对植物线虫的防治效果可以稳定在80%以上，在条件适宜的情况下，土壤中90%的植物线虫可以被杀灭。同时对蔬菜青枯病、立枯病、黄萎病等土传病害具有一定的抑制作用。

（9）淡紫拟青霉菌剂。制剂：有效活菌数≥1 000 cfu/g。淡紫拟青霉和厚孢轮枝菌相似，具有高效、广谱、安全、无污染特点，可在蔬菜整个生长期内使用，也可用于拌种作为种子处理剂。如播前拌种、定植时穴施，对种子的萌发与幼苗生长具有一定的促进作用，可实现苗绿、苗壮，并具有一定的增产效果。拌种使用：按种子量的5%～10%进行，堆闷2～3h，阴干即可播种；苗床使用：将淡紫拟青霉菌剂与适量基质混匀后撒入苗床，播种覆土。每千克淡紫拟青霉菌剂平均处理30～50m²苗床。穴施：施在种子或种苗根附近，预防根结线虫建议每亩用量为300～500g，防治建议每亩用量为800 ～ 1 000g。

（10）嗜硫小红卵菌剂。实验结果表明，2.0亿cfu/mL嗜硫小红卵菌HN-1悬浮剂对番茄花叶病、番茄根结线虫病均具有较好的防效。防治番茄根结线虫，其施药适期为番茄移栽时灌根处理，每季使用2 ～ 3次，间隔28d左右，亩用量400 ～ 600 mL。

（11）苏云金芽孢杆菌剂。目前，国内登记的产品4 000IU/μL苏云金杆菌悬浮种衣剂，用于大豆种子包衣防治大豆胞囊线虫病。

（12）坚强芽孢杆菌剂。制剂有100亿活芽孢/g坚强芽孢杆菌可湿性粉剂等，主要用其500 ～ 600倍液穴施或灌根。

（13）蜡质芽孢杆菌剂。制剂有8亿、20亿、300亿活芽孢/g蜡质芽孢杆菌可湿性粉剂，10亿活芽孢/mL蜡质芽孢杆菌悬浮剂等，主要使用方法为拌种或灌根。玉米、大豆及各种蔬菜种子拌种处理，可在播种前，每1 000克种子用300亿活芽孢/g蜡质芽孢杆菌可湿性粉剂15 ～ 20g兑适量清水拌种，晾干后再播种。也可用8亿活芽孢/g蜡质芽孢杆菌可湿性粉剂50 ～ 100倍液或20亿活芽孢/g蜡质芽孢杆菌可湿性粉剂125 ～ 250倍液灌根，施药间隔期10 ～ 15d，连续施药2 ～ 3次。

（14）阿维菌素制剂。制剂有0.5%、1%颗粒剂，1.8%、5%乳油（微乳剂），10%悬浮剂等，可在播种时或定植时及蔬菜生长期间使用。施药方法以沟施或穴施最好，如0.5%阿维菌素颗粒剂用药量为40 ～ 50kg/hm^2。也可使用阿维菌素乳油、水乳剂等其他剂型，并按推荐的剂量和使用说明用药。

（15）异硫氰酸烯丙酯（辣根提取物）制剂。20%异硫氰酸烯丙酯可溶液剂防治番茄根结线虫，每亩用量为2 ～ 3kg，使用方法为沟施覆土后熏蒸。

以上生物制剂的具体使用方法及注意事项请参照产品说明书进行。

二、菜粉蝶

菜粉蝶又名菜青虫，属鳞翅目、粉蝶科，是十字花科蔬菜主要害虫之一。

（一）形态特征及为害特点

1.形态特征　成虫体长12～20mm，翅展45～55mm，体黑色，胸部密被白色及灰黑色长毛，翅白色。雌虫前翅前缘和基部大部分为黑色，顶角有1个大三角形黑斑，中室外侧有2个黑色圆斑，前后并列。后翅基部灰黑色，前缘有1个黑斑，翅展开时与前翅后方的黑斑相连接。常有雌雄二型，更有季节二型的现象。卵竖立呈瓶状，高约1mm，初产时淡黄色，后变为橙黄色。幼虫共5龄，体长28～35mm，幼虫初孵化时灰黄色，后变青绿色，体圆筒形，中段较肥大，背部有一条不明显的断续黄色纵线，气门线黄色，每节的线上有2个黄斑，密布细小黑色毛瘤，各体节有4～5条横皱纹。

成　虫

蛹长 18 ～ 21mm，纺锤形，体色有绿色、淡褐色、灰黄色等。

2.为害特点　以幼虫取食寄主叶片，2龄前仅啃食叶肉，留下一层透明表皮，3龄后蚕食叶片形成孔洞或缺刻，严重时叶片全部被吃光，只残留粗叶脉和叶柄，并易引起白菜软腐病的流行。此外，虫粪污染叶球、花球，降低蔬菜的商品价值。

幼　虫

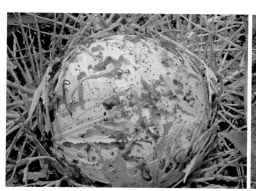

菜粉蝶为害甘蓝状

（二）生活习性及发生规律

该虫各地普遍发生，发生代数、历期因地而异。东北、华北一年发生4 ～ 5代，江苏、上海一年发生8 ～ 9代，在广东、海南可终年发生，发生代次越多的地区，世代重叠现象越严重。除南方终年发生的场所外，其他地区均以蛹越冬。越冬场所多在受害菜地附近的篱笆、墙缝、树皮下、土缝里或杂草及残株枯叶间。成虫白天活动，尤以晴天中午更活跃。成虫喜吸食花蜜，多产卵于叶背面，尤其喜欢甘蓝类蔬菜。每头雌虫一生平均产卵百余粒，以越冬代和第一代成虫产卵量较大。初孵幼虫先取食卵壳，然后再取食叶片。1～2龄幼虫有吐丝下坠习性，幼虫行动迟缓，大龄幼虫有假死性，当受惊动后可蜷缩身体坠地。幼虫老熟时爬至隐蔽处，吐丝化蛹。菜粉蝶发育最适温为20～25℃，相对湿度76%左右，常形成春、秋季两个发生高峰，高温干旱不利该虫的发生。在适宜条件下，卵期4～8d，幼虫期11～22d，蛹期约10d（越冬蛹除外），成虫期约5d。

（三）防治技术

（1）压低虫源基数。合理轮作，避免十字花科蔬菜连作。十字花科蔬菜收获后，及时清除田间残株老叶和杂草，减少菜粉蝶繁殖场所和消灭部分蛹。秋季要对农田进行秋耕，冬季有条件的地方要对农田进行深耕、冬翻，可消灭大量虫源。

（2）植物诱控。在菜地周围种植甘蓝或花椰菜等十字花科蔬菜，引诱成虫产卵，再集中杀灭幼虫。

（3）灯光诱集。利用菜粉蝶成虫具有趋光性的特点，在菜田中安装黑光灯、频振式杀虫灯诱集成虫。每5～10亩菜田安装1盏黑光灯或频振式杀虫灯。要注意每日清理灯内诱集的成虫。

（4）防虫网阻隔。可结合其他害虫的防治，选用合适目数的防虫网。一般来讲，40～60目的防虫网基本上就可以起到防蚜虫等微型害虫的效果，而且也有利于通风换气。

（5）天敌控制。释放如广赤眼蜂、澳洲赤眼蜂、微红绒茧蜂、凤蝶金小蜂等天敌，保持一定的种群和数量并加以保护。利用天敌来控制菜粉蝶种群和数量，可以把菜粉蝶的危害局部控制在一个较低的水平，既不引起经济损失，又不会造成对环境的影响。

（6）药剂防治。常规栽培条件下应每隔3～5d检查一次虫情，当发现百株有卵20粒或幼虫15头以上（苗期），或百株有卵80粒或幼虫50头以上（生长前期或包心期），或百株有卵300粒或幼虫200头以上（生长后期或包心后期），应进行药剂防治。施药适期应掌握在卵孵化盛期至1～2龄幼虫期。可选用2.5%多杀霉素悬浮剂500～1000倍液，或15%茚虫威悬浮剂3000～4000倍液，0.3%苦参碱水剂600～1000倍液，0.3%印楝素乳油500～1000倍液，16000IU/mg苏云金杆菌可湿性粉剂800～1600倍液，2%阿维菌素乳油1000～2000倍液，50%辛硫磷乳油1000倍液，2.5%溴氰菊酯乳油2000～3000倍液，10%高效氯氰菊酯乳油2000～3000倍液，2.5%高效氯氟氰菊酯乳油1500～2500倍液，10%溴虫腈悬浮剂2000～2500倍液，5%氟啶脲乳油1000～2000倍液，20%除虫脲悬浮剂500～1000倍液，20%氟苯虫酰胺水分散粒剂5000～6000倍液，10%溴氰虫酰胺可分散油剂2500～3000倍液，20%氯虫苯甲酰胺悬浮剂5000～6000倍液等进行喷雾，注意交替用药及各药剂的安全间隔期要求。

二、小菜蛾

小菜蛾又名小青虫、两头尖，属鳞翅目、菜蛾科，主要为害甘蓝、紫甘蓝、青花菜、薹菜、芥菜、花椰菜、白菜、油菜、萝卜等十字花科蔬菜，是十字花科蔬菜主要害虫之一。

（一）形态特征及为害特点

1.形态特征　成虫体长6～7mm，翅展12～16mm，前后翅细长，缘毛长，前后翅缘呈黄白色三度曲折的波浪纹，两翅合拢时呈3个接连的菱形斑，前翅缘毛长并翘起如鸡尾。触角丝状，褐色有白纹，静止时向前伸。雌虫较雄虫肥大，腹部末端圆筒状，雄虫腹末圆锥形，抱握器微张开。卵椭圆形，稍扁平，长约0.5mm，宽约0.3mm，初产时淡黄色，有光泽，卵壳表面光滑。初孵幼虫深褐色，后变为绿色。末龄幼虫体长10～12mm，纺锤形，体上生稀疏、长而黑的刚毛，头部黄褐色，前胸背板上有淡褐色无毛的小点组成的两个U形纹，臀足向后伸超过腹部末端，腹足趾钩单序缺环。蛹黄绿色至灰褐色，长5～8mm，外被灰白色网状薄茧。

小菜蛾成虫

小菜蛾幼虫

小菜蛾为害苤蓝状

2.为害特点　初龄幼虫仅取食叶肉，留下表皮，在菜叶上形成一个个透明的斑，"开天窗"。3～4龄幼虫可将菜叶食成孔洞和缺刻，严重时全叶被吃成网状。在苗期常集中心叶为害，影响包心。在留种株上，为害嫩茎、幼荚和籽粒，影响结实。

（二）生活习性及发生规律

该虫各地普遍发生，发生代数、历期因地而异。在北方一年发生3～6代，江南地区发生12～14代，在广东一年发生20代，发生代次越多的地区，世代重叠现象越严重。在北方以蛹越冬，4～5月羽化。成虫昼伏夜出，白天喜欢静伏在植株茎叶间，遇惊扰时才在植株间作短距离飞行，有趋光性，午夜前活动最盛。成虫产卵期达10d，每只雌成虫产卵100～200粒，卵散产或数粒在一起，分布

小菜蛾为害甘蓝状

于叶背脉间凹陷处。卵期为3～11d。幼虫4龄，生育期12～27d。老熟幼虫在叶脉附近结茧化蛹，蛹期约9d。小菜蛾的发育适宜温度为20～23℃。该虫在北方发生的高峰期为5～6月和8月，以5～6月为害最严重；在长江流域及以南地区，多于4～6月和8～10月出现发生高峰，秋季较春季为害严重。该虫常与菜青虫的发生期重叠，造成混合为害。

（三）防治技术

（1）压低虫源基数、灯光诱集、防虫网阻隔等防治技术参见菜粉蝶防治。

（2）性诱剂诱集。利用小菜蛾成虫具有趋化性的特点，在菜田中安装性诱剂诱集成虫，每亩菜田安装性诱盆5～7个。

（3）药剂防治。常规栽培条件下应加强田间虫情检查，特别是要抓住植株苗期至旺长初期和包心初期检查，当发现百株有卵50粒或幼虫30头以上时，应及时进行施药，常用药剂及使用剂量可参照菜粉蝶防治。此外，对于抗性小菜蛾还用15%唑虫酰胺悬浮剂600～1 000倍液，或11.8%甲维盐·唑虫酰胺悬浮剂600～1 000倍液，或20%虫螨腈·唑虫酰胺悬浮剂600～1 000倍

液进行防治。应注意的是小菜蛾幼虫极易产生抗药性，一般原来有效的杀虫剂，使用一段时间后就有可能失效，这是该虫较菜青虫等其他害虫难以防治的根本原因。维持药剂防治长期有效的措施是交替用药和药剂的混配和复配使用，并注意各药剂每季最多使用次数及安全间隔期规定。

三、菜螟

菜螟又名菜心虫或钻心虫，属鳞翅目、螟蛾科，该虫分布广泛，主要为害白菜、甘蓝、芥菜、萝卜等十字花科蔬菜，还可为害菠菜等绿叶蔬菜，尤以萝卜、白菜、甘蓝受害严重。

（一）形态特征及为害特点

1.形态特征　成虫为小型蛾类，体长约7mm，翅展16～20mm，褐色至黄褐色；前翅有3条灰白色横波纹，翅面中部有1个黑色肾形斑，后翅灰白色。卵椭圆扁平，宽约0.3mm，初期呈黄色，后变橙色。老熟幼虫体长12～14mm，头部黑色，胸腹部黄白色至黄绿色，体背有5条灰褐色纵纹（背线、亚背线和气门上线）。蛹体长约7mm，黄褐色，腹部背面有5条褐色纵纹。

菜螟成虫

菜螟幼虫

2.为害特点　该虫为钻蛀性害虫，初孵幼虫蛀食幼苗心叶，并在心叶上吐丝结网继续为害，轻则影响菜苗生长，重者可致幼苗枯死，造成缺苗断垄；高龄幼虫（4～5龄）除蛀食心叶外，还可蛀食茎髓和根部，并可传播细菌性软腐病，引致菜株腐烂死亡。

菜螟为害白菜

（二）生活习性及发生规律

该虫常年发生3～9代，多以幼虫吐丝缀土或枯叶做丝囊越冬，少数以蛹越冬。在广州地区，该虫整年皆可发生为害。来年春季，越冬幼虫入土结茧化蛹。成虫昼伏夜出，稍具趋光性，产卵于茎叶上，散产，尤以心叶着卵量最多。初孵幼虫潜叶为害，3龄吐丝缀合心叶，藏身其中取食为害，4～5龄可由心叶、叶柄蛀入茎髓为害。幼虫有吐丝下垂及转叶为害习性。老熟幼虫多在菜根附近土面或土内结茧化蛹。该虫适宜发育温度为24℃左右，相对湿度为67%左右。为此，凉爽、干燥的气候条件有利于该虫的发生，故秋季萝卜、白菜常受害较重。

（三）防治技术

（1）调节播期。在菜螟常年严重发生为害的地区，应按当地菜螟幼虫孵化规律适当调节播期，使最易受害的幼苗2～4叶期与低龄幼虫高峰期错开，以减轻为害。如大白菜、萝卜等在不影响质量前提下，秋季适当迟播可减轻为害。

（2）人工捕杀。在间苗、定苗时，如发现菜心被丝缠住，即随手捕杀。

（3）防虫网阻隔。

（4）药剂防治。常规栽培条件下应加强田间虫情检查，特别是要抓住植株苗期或包心初期检查，抓住卵粒盛孵期并初见心叶受害苗时进行施药。幼虫孵化盛期或初见心叶被害和有丝网时施药2～3次，注意将药喷到菜心上，同时注意交替用药或轮换用药，并注意各药剂的安全间隔期规定。常用药剂及使用剂量可参照菜粉蝶防治。

四、豆野螟

豆野螟又名豇豆野螟、豆荚野螟、豆卷叶螟等，属鳞翅目、螟蛾科。豆野螟主要为害豇豆、菜豆、扁豆、四季豆、豌豆、蚕豆、菜用大豆等蔬菜。

（一）形态特征及为害特点

1.形态特征　成虫为小型蛾类，黄褐色，体长约13mm，翅展24～26mm；前翅中央有2个白色透明斑，外侧斑大，内侧斑小。卵椭圆扁平，宽约0.6mm，淡绿色。老熟幼虫体长约18mm，头部及前胸背板褐色，其余黄绿色。有两种生态型：一种中、后部背板和腹部各节背面各有6个小毛片，排成两列，前列4个后列2个；

豆野螟成虫

豆野螟幼虫

另一种体背无黑色小毛片。蛹长约13mm，黄褐色，复眼红色。

2.为害特点　该虫为钻蛀性害虫，以幼虫蛀食花蕾、花、豆荚，常使花蕾、花、嫩荚脱落，被害豆荚蛀孔内、外堆积粪便，严重影响产量和质量。幼虫亦能卷叶为害。

豆野螟为害菜豆

（二）生活习性及发生规律

该虫常年发生4（华北）～9代（华南），在广东海南终年皆可发生为害。长江中下游地区豆野螟1年发生4～5代，以蛹在土中或脱落的花、蕾、叶中越冬。越冬代成虫始见于6月上旬前后，第1代发生在6月上中旬至7月，第2代在7月上中旬至8月，第3代在8月上中旬至9月，第4代在9月上中旬至10月，第5代在10月上旬至11月上旬，田间以6月中下旬到9月发生为害最为严重。随着扁豆、豇豆等豆科作物设施栽培面积的不断扩大，给越冬代成虫提供了良好的温湿环境，豆野螟在扁豆、豇豆上的始发期可提早到5月中下旬，发生代次也会不断增加。成虫昼伏夜出，具趋光性，寿命7～12d。成虫产卵有很强的选择性，多产在始花至盛花期的花蕾或花瓣上，卵散产或数粒相连，平均每个雌蛾可产卵80～100粒。卵期很短，仅为2～3d。初孵幼虫早晨和傍晚活动频繁，喜蛀入花蕾，也常蛀入嫩荚或吐丝缀叶为害，造成花蕾、嫩荚脱落。3龄后蛀入荚内咬食豆粒，被害荚蛀孔口常有绿色粪便，虫蛀荚常因雨水灌入而腐烂。幼虫为害叶片时，常吐丝把两叶粘在一起，躲在其中咬食叶肉、残留叶脉。叶柄或嫩茎被害时，常因一侧被咬伤而萎蔫至凋萎。高龄幼虫有在傍晚或早晨转荚为害的习性，幼虫期12d左右。以老熟幼虫吐丝下落在土表或落叶中结茧化蛹或爬到附近叶背主脉两侧结茧化蛹。该虫适宜发育温度为28℃左右，相对湿度80%～85%。为此，夏季多小雨的年份，该虫往往发生严重，为害猖獗。

（三）防治技术

（1）压低虫源基数。除合理轮作，秋耕、冬翻外，生长期间对落花、落蕾和落荚要及时清理出田外处理，可适当减少转移为害。

（2）调节播期。可利用温室、大棚实施早春提早及秋延后栽培，使结荚期避开或部分避开该虫发生高峰期，可显著减轻为害。

（3）防虫网阻隔。

（4）药剂防治。由于该虫发生期长，世代重叠现象严重，且幼虫喜欢于早晨和傍晚活动，先为害花蕾，后蛀食豆荚，而豇豆、菜豆、扁豆等豆类蔬菜又是连续开花结荚、分批采收的作物，采收间隔期短，盛收期往往2～3d就需采收一次，从而给药剂防治带来很大的困难。为此，进行药剂防治必须掌握好施药适期、施药时间、施药部位、施药次数及药剂选择，才能安全、经济、有效地控制好该虫的发生和为害。

①施药时间。一般掌握在上午7:00～10:00或下午17:00左右。

②施药适期。应掌握在豆类的初花期、盛花期和盛花末期至结荚初期及时用药2～3次，此时，豆野螟正处于产卵盛期和幼虫

初孵期。

③施药部位。喷洒的重点是花蕾、已开的花和嫩荚，以及落地的花、荚。在豇豆、扁豆生长中后期，可结合其他病虫害的防治兼治豆野螟。

④常用药剂。2%阿维菌素乳油1 000～2 000倍液，或5%氟虫脲（卡死克）乳油1 000倍液，5%氟啶脲（抑太保）乳油600～800倍液，20%杀灭菊酯乳油1 500～2 000倍液，2.5%溴氰菊酯乳油2 000～3 000倍液，2.5%高效氯氟氰菊酯（功夫）乳油2 000～3 000倍液，10%联苯菊酯乳油2 000～3 000倍液，10%虫螨腈乳油1 500～2 000倍液，15%茚虫威悬浮剂2 000～2 500倍液，10%溴氰虫酰胺悬浮剂2 500～3 000倍液，20%氯虫苯甲酰胺悬浮剂5 000～6 000倍液，20%氟苯虫酰胺水分散粒剂5 000～6 000倍液，2.5%多杀霉素悬浮剂500～600倍液等进行喷雾防治。注意交替用药及各药剂使用的安全间隔期规定。每适期第1次施药，可选用虫螨腈、氟虫脲、拟除虫菊酯类及阿维菌素等持效期较长的药剂；连续施药，应首选安全间隔期较短的药剂，如茚虫威、氯虫苯甲酰胺、氟苯虫酰胺、多杀霉素（安全间隔期为1～3d）等。

五、豆荚螟

豆荚螟又名豇豆荚螟、豆荚斑螟、豆蛀螟，属鳞翅目、螟蛾科。豆荚螟主要为害、菜用大豆，也可为害豇豆、菜豆、扁豆、四季豆、豌豆、绿豆、荷兰豆等蔬菜。

（一）形态特征及为害特点

1.形态特征　成虫体长10～12mm，翅展20～24mm，体灰褐色或暗黄褐色。前翅狭长，沿前缘有条白色纵带，近翅基1/3处有一条金黄色宽横带；后翅黄白色，沿外缘褐色。卵椭圆形，长约0.5mm，表面密布不明显的网纹，初产时乳白色，渐变红色，孵化前呈浅菊黄色。幼虫共5龄，老熟幼虫体长14～18mm，初孵幼虫为淡黄色，后为灰绿色至紫红色。4～5龄幼虫前胸背板近前缘中央有"人"字形黑斑，两侧各有1个黑斑，后缘中央有2个小黑斑。蛹体长9～10mm，黄褐色，臀刺6根，蛹外包有白色丝质的椭圆形茧。

豆荚螟成虫

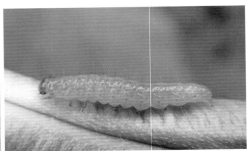

豆荚螟幼虫

2.为害特点　该虫为钻蛀性害虫，以幼虫蛀荚，取食豆粒，被害豆荚还充满虫粪，变褐以致霉烂，一般造成10%～30%的虫荚率。8～9月为为害高峰。

（二）生活习性及发生规律

豆荚螟为害豇豆状

豆荚螟在浙江、江苏、安徽、湖北等地年发生4～5代，辽宁、陕西2

代，山东、河北3～4代，广东、广西7代。多以老熟幼虫在寄主植物附近或晒场周围的土表下1～5cm处结茧越冬。翌年3月下旬越冬幼虫开始化蛹，4月上中旬陆续羽化。在杭州，4～5月即可见幼虫为害豌豆，以后为害夏、秋播大豆。

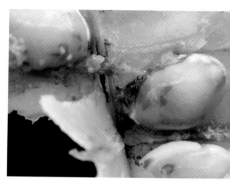

豆荚螟为害扁豆果实

豆荚螟适宜发育温度为20～35℃，相对湿度为70%～80%，土壤含水量10%～15%。在29～30℃下，卵期3～5d，幼虫期10～12d，蛹期9～11d，成虫寿命7～12d。成虫昼伏夜出，趋光性不强。成虫羽化后当日即能交尾，隔天就可产卵。卵散产或几粒连在一起，其产卵部位大多在荚上的细毛间和萼片下面，少数可产在叶柄等处，卵量80～90粒。初孵幼虫先在荚面爬行1～3h，再在荚面吐丝结一白色薄茧（丝囊）躲藏其中，经10h左右，咬穿荚面蛀入荚内取食豆粒。幼虫可转粒、转荚为害，每一幼虫可转荚为害1～3次。一般先为害植株上部豆荚，渐向下部转移，以植株上部幼虫分布最多。幼虫除为害豆荚外，还能蛀食豆茎。老熟幼虫可在受害荚内、荚间，或在1～2cm表土内结茧化蛹。

豆荚螟喜干燥，雨水少、地势高、土壤湿度低有利于该虫的发生。豆荚螟化蛹期如土壤湿度大或遇雨水多时，土中蛹死亡率增高，发生减轻。荚毛多的品种较荚毛少的品种受害重，豆科植物连作田块受害重。

（三）防治技术

（1）品种选择。选用结荚期短，荚上无毛或少毛的抗性品种。

（2）合理轮作，秋耕、冬翻土壤，压低虫源基数。

（3）调节播期。调整播期，错开豆荚螟产卵盛期，避免豆科作物多茬口混种及连作。

（4）防虫网阻隔。

（5）药剂防治。防治适期为大豆初荚期，当田间蛀荚率达6%～7%时，即应用药防治，连续施药2次，施药间隔期为7d左右。常用药剂及使用剂量可参照豆野螟防治。注意交替用药或轮换用药，并注意各药剂的安全间隔期规定。

六、瓜绢螟

瓜绢螟又名瓜螟、瓜野螟，属鳞翅目、螟蛾科，主要为害葫芦科各种瓜类及番茄、茄子等蔬菜。

（一）形态特征及为害特点

1.形态特征　成虫体长约11mm，头、胸黑色，腹部白色，第1、7、8节末端有黄褐色毛丛。前、后翅白色透明，略带紫色，前翅前缘和外缘、后翅外缘显黑色宽带。卵扁平、椭圆形，淡黄色，表面有网纹。末龄幼虫体长23～26mm，头部、前胸背板淡褐色，胸腹部草绿色，亚背线呈两条较宽的乳白色纵带，气门黑色。蛹

瓜绢螟成虫

瓜绢螟幼虫

长约14mm，深褐色，外被薄茧。

2.为害特点　低龄幼虫在瓜类的叶背取食叶肉，使叶片呈灰白斑，3龄后吐丝将叶或嫩梢缀合，匿居其中取食，使叶片穿孔或缺刻，严重时仅剩叶脉，直至蛀入果实和茎蔓为害，严重影响瓜果产量和质量。

瓜绢螟为害黄瓜植株

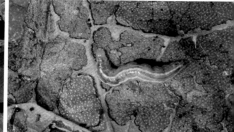

瓜绢螟为害丝瓜状

（二）生活习性及发生规律

该虫在江苏、浙江、上海一年发生4～5代，在广东一年发生6代，以老熟幼虫或蛹在枯叶或表土等隐蔽处越冬，来年4月底羽化，5月初孵幼虫即可为害，主要为害丝瓜、苦瓜、黄瓜、甜瓜、西瓜、冬瓜、番茄、茄子等蔬菜作物。7～9月，江苏、浙江、上海该虫发生数量多，是主要为害期，在广东深秋也可造成严重为害。成虫昼伏夜出，趋光性弱，卵散产或数粒一起产于叶背。1～3龄幼虫食量小，对药剂比较敏感，是防治的最佳时期。幼虫3龄后食量增大，不仅卷叶取食叶片，还啃食瓜皮，或蛀入瓜内为害，抗药性增强，较难防治。

（三）防治技术

（1）合理轮作，秋耕冬翻土壤，压低虫源基数。

（2）防虫网阻隔。

（3）药剂防治。应掌握在1～3龄期、幼虫尚在叶背取食时施药。当田间检查发现百株有3龄前幼虫30条以上时，即应施药防治。常用药剂及使用剂量可参照豆野螟防治。注意交替用药或轮换用药，并注意各药剂的安全间隔期规定。

七、茄黄斑螟

茄黄斑螟又名茄螟、茄白翅野螟、茄子钻心虫，属鳞翅目、螟蛾科。是我国南方地区茄子的重要害虫，也能为害马铃薯、龙葵、豆类等作物。主要分布在华南、华中、华东、西南地区及台湾地区。

（一）形态特征及为害特点

1.形态特征　成虫体长6.5～10mm，翅展约25mm，体、翅均为白色。前翅具4个明显的黄色大斑纹，翅基部黄褐色，中室与后缘之间显现一个红色三角形纹，翅顶角下方有一个黑色眼形斑。后翅中室具一小黑点，并有明显的暗色后横线，外缘有2个浅黄斑。栖息时翅伸展，腹部翘起，腹部两侧节间毛束直立。卵大小0.7mm×0.4mm，外形似水饺，卵上有2～5根锯齿状刺，长短不一，有稀疏刻点，初产时乳白色，孵化前灰黑色。老熟幼虫体长15～18mm，多呈粉红色，低龄期黄白色；头及前胸背板黑褐色，背线褐色；各节均有6个黑褐色毛斑，呈两排，前排4个，后排2个，各节体侧有1个瘤突，上生2根刚毛；腹末端黑色。蛹长8～

9mm，浅黄褐色，腹第3、4节气孔上方有一突起。蛹茧坚韧，有内外两层，初结茧时为白色，后逐渐加深为深褐色或棕红色。茧形不规则，多呈长椭圆形。

茄黄斑螟成虫

茄黄斑螟幼虫

2.为害特点　以幼虫取食茄子的蕾、花并蛀食嫩茎、嫩梢及果实，引起枯梢、落花、落果及果实腐烂。一般夏季茄果受害轻，但花蕾、嫩梢受害重；秋季多蛀害茄果，一个茄子内可有3～5头幼虫。

茄黄斑螟为害茄子状

茄黄斑螟为害茄子茎秆

（二）生活习性及发生规律

在长江中下游地区一年发生4～5代，以老熟幼虫结茧在残株枝杈上及土表缝隙等隐蔽处越冬。翌年3月越冬幼虫开始化蛹，5月上旬至6月上旬越冬代成虫羽化结束，5月开始出现幼虫为害，7～9月为害最重，尤以8月中下旬为害秋茄最烈。成虫昼伏夜出，趋光性不强，具趋嫩性。每雌蛾产卵80～200粒，卵散产于茄株的上中部嫩叶背面。夏季老熟幼虫多在植株中上部缀合叶片化蛹，秋季多在枯枝、落叶、杂草、土缝等隐蔽处化蛹。茄黄斑螟属喜温性害虫，发生为害的最适气候条件为20～28℃，相对湿度80%～90%，高温高湿有利于该虫的发生。

（三）防治技术

（1）压低虫源基数。茄子生长期间，应及时剪除被害植株嫩梢及茄果；茄子收获后，及时清除残株落叶并集中沤埋，耕翻土地，晒垡或冻垡，以压低虫源基数。

（2）性诱剂诱集。一般剂量为100μg，每隔30m设一个诱捕器。

（3）药剂防治。由于幼虫钻蛀为害，极具隐蔽性，药剂防治应于卵孵化盛期，大量幼虫尚未蛀入梢、花、果之前进行。因此，7～9月，即该虫盛发期间要加强虫情检查，当发现田间百株茄子植株有卵50粒以上，并始见初孵幼虫或受害花蕾、嫩梢、幼果时，及时进行施药防治。常用药剂及使用剂量可参照豆野螟防治，注意交替用药或轮换用药，并注意各药剂的安全间隔期规定。

八、二化螟

二化螟属鳞翅目、螟蛾科，主要在长江流域及以南稻区发生较重，近年来发生数量呈明显上升的态势。二化螟除为害水稻外，还能为害茭白、（甜）玉米、油菜、蚕豆、豌豆、荷兰豆等蔬菜作物。

（一）形态特征及为害特点

1.形态特征　成虫体长12～14mm，雄虫翅展约20mm，雌虫翅展25～28mm。体色淡黄至灰褐色，头小，复眼黑色，下唇须发达。前翅褐色至灰褐色，近长方形，中室先端有紫黑斑点，中室下方有3个斑排成斜线，外缘有7个黑点。后翅灰白色，靠近翅外缘稍带褐色，雌虫体色比雄虫稍淡。卵扁椭圆形，长约1.2mm，数十粒至数百粒粘连在一起，呈鱼鳞状排列，卵块一般为长条形。老熟幼虫体长约27mm，淡褐色，体背有5条暗褐色纵带。蛹长约

二化螟成虫

二化螟卵

二化螟幼虫

13mm，圆筒形，淡棕色，背面可见5条棕褐色纵带。

2.为害特点　幼虫蛀茎，或食害心叶、嫩荚，造成枯心或枯茎。也蛀食茭白、（甜）玉米雄穗、蚕豆、豌豆、荷兰豆等，排出大量粪便，严重影响产量和品质。

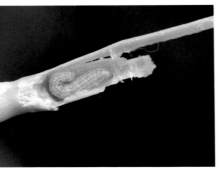

二化螟幼虫为害茭白　　　　　　　　　　二化螟幼虫为害玉米

（二）生活习性及发生规律

二化螟由北向南世代逐渐增加，在长江流域年发生2～3代，华南及海南地区年发生4～5代，以幼虫在寄主植物中越冬。翌年5～6月，越冬幼虫开始化蛹。成虫趋光性不强，每雌可产5～6个卵块，约300粒。初孵幼虫有群集性，后逐渐分散，从叶腋蛀入茎中。

（三）防治技术

（1）压低虫源基数。二化螟严重发生地区，冬季或早春齐泥割掉茭白残株，铲除田边杂草，消灭越冬螟虫。

（2）药剂防治。由于幼虫钻蛀为害，极具隐蔽性，药剂防治应于卵孵化盛期，大量幼虫尚未蛀入茎内之前进行，一般掌握在卵孵化高峰期前2～3d施药。常用药剂及使用剂量可参照豆野螟防治所使用的药剂及剂量进行。注意轮换用药及各药剂的安全间隔期规定。

九、棉铃虫和烟青虫

棉铃虫和烟青虫是两个近缘种，属鳞翅目、夜蛾科。均为杂食性害虫，主要为害辣椒、番茄、茄子，也为害豆类及其他各种蔬菜以及粮、棉、油等作物。

（一）形态特征及为害特点

1.形态特征　两虫形态特征相近，棉铃虫成虫体长15～17mm，翅展27～38mm，体色多变，雌成虫多黄褐色或红褐色，雄成虫多灰绿色。前翅近外缘处有一暗褐色宽带，带上有7个小白点，外缘各脉间有小黑点，中横线由肾形纹下斜伸至翅后缘，末端达环状纹正下方。后翅外缘有一黑褐色宽带，宽带中央有2个月牙形白斑，宽带内侧无平行线。卵半球形，直径0.5～0.8mm，初产时乳白色，后变紫黑色，表面有网纹。老熟幼虫体长30～45mm，体色变化较大，常见的有淡绿色、绿色、黄白色、淡红色和黑紫色等。背线、亚背线、气门上线较体色深，气门白色。各

棉铃虫成虫

棉铃虫幼虫

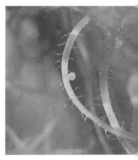
棉铃虫卵

腹节上有黑色刚毛瘤12个，刚毛较长。两根前胸侧毛连接的延长线通过前胸气门或与其下缘相切。蛹长17～21mm，初期为绿色，渐变为褐色，腹部5～7节，各节前沿有许多小点刻，点刻排列近半月形，腹末有黑褐色臀棘2根。烟青虫与棉铃虫相似，但成虫体色比棉铃虫稍黄，前翅各线纹清晰，后翅外缘黑褐色宽带内侧有一条与之相平行的棕黑色线纹；幼虫两根前胸侧毛连接的延长线远离气门下方。

烟青虫成虫　　　　　　　　　　　烟青虫幼虫

2.为害特点　主要为害辣椒、番茄、茄子，也为害豆类及其他各种蔬菜。以幼虫蛀食寄主植物的蕾、花、果实，造成大量落果和烂果，也咬食嫩茎、叶和芽等。在菜区，番茄受棉铃虫为害较重，辣椒受烟青虫为害较重。

番茄受害状（棉铃虫）

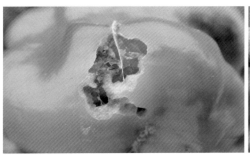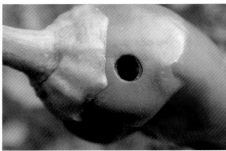

辣椒被害状（烟青虫）

（二）生活习性及发生规律

棉铃虫在辽宁、内蒙古、新疆每年发生3代，在华北每年发生4代，在华东每年发生5~6代，在华南每年可发生7代，以蛹在土表下3~5cm深处越冬。成虫从4月初开始羽化，白天多在叶背面或杂草丛中栖息，夜间活动、交尾、产卵。在番茄田，95%的卵散产于植株的顶尖至第4复叶层的嫩梢、嫩叶和果萼上。幼虫共6龄，初孵幼虫先食卵壳，后食嫩叶和小蕾成小凹点状，3龄后开始蛀果。幼虫有转株为害的习性，每头幼虫一生可蛀果3~5个，老熟幼虫吐丝下垂，在3~9cm深土中筑室化蛹。以第2代和第3代幼虫为害蔬菜较为严重，6月下旬至8月中旬为为害高峰期。棉铃虫属喜温喜湿性害虫，夏、秋两季多雨有利于该虫的发生。

烟青虫发生的代次较棉铃虫略少1~2代，发生期也略迟，以蛹在土中越冬，成虫从5月初开始羽化，其为害习性与棉铃虫相似，成虫昼伏夜出，有趋光性和对糖醋液及新枯萎的杨树枝叶有趋化性。

（三）防治技术

（1）植物诱控。利用棉铃虫喜欢在玉米上栖息、产卵的习性，在菜田四周种植玉米诱集带，可有效减少菜田落卵量，并通过适时药物防治，可有效杀死虫卵，压低虫口密度。或在菜田中套种玉米，按8行蔬菜套种1行玉米的比例进行，玉米种植行穴距为3～5m，每穴2～3株，每亩100穴，尽量使玉米抽雄期与棉铃虫盛发期相一致。利用玉米植株诱集棉铃虫成虫及产卵，并及时捕蛾灭卵。

（2）毒饵诱杀。在成虫盛发期，可用糖醋盆诱集成虫。方法是：将糖、醋、酒、水按6：3：1：10的比例配制，再加入少量敌百虫等农药，盆的位置要略高于植株顶部，盆的上方要设置遮雨罩，盆宜在傍晚放置，第2天上午收回，捞出死虫后，盖好盖供继续使用。此措施为选择性措施。

（3）调节播期。可利用温室、大棚进行辣椒、番茄春提早及秋延后栽培，使结果期避开或部分避开两虫发生及为害高峰期，可显著减轻为害。

（4）杨树枝把诱集。棉铃虫成虫对半枯萎的杨树枝把散发的气味有趋性，因此田间插杨树枝把能很好诱杀棉铃虫成虫，一般可减少产卵量40%～50%。在成虫发生期，将长1m左右、半枯萎带叶的杨树枝每10枝左右捆成一把，每亩插杨树枝把不少于20个，均匀分布，在蛾高峰到来前10d插到田头，坚持每天清晨带露水收蛾，每7d换一次把。在蛾高峰后10d，将换下的杨树枝把及时烧毁。

（5）灯光诱集。在番茄、辣椒集中产区，或在棉区种植番茄、辣椒等蔬菜面积较大的地区，利用棉铃虫的趋光性，可在田间安装黑光灯、高压汞灯诱捕成虫。特别是高压汞灯诱杀棉铃虫效果显著，可降低落卵量60%～80%，对2代棉铃虫的诱杀效果最好。距高压汞灯越近，落卵量越低，诱杀效果越好。一般每25～50亩地（灯距200～250m）设1盏20瓦黑光灯或高压汞灯，安装高度以高出作物30～60cm为宜，灯下10～20cm处放置水盆1个，水中加入农药、洗衣粉或少许煤油，第2天早晨关灯并集中处理所诱成虫。

（6）性诱剂诱集。利用性诱剂防治害虫必须将诱捕技术、杀灭技术、交配干扰技术等相结合，才能收到较好的效果。

（7）天敌控制。棉铃虫的天敌很多，主要有赤眼蜂、茧蜂、姬蜂、猎蝽、盲蝽和蜘蛛、草蛉、步甲、瓢虫等，这些天敌除了捕食棉铃虫外，也是田间斜纹夜蛾等其他害虫的天敌。如利用赤眼蜂进行生物防治，一般在棉铃虫、斜纹夜蛾等害虫产卵始期至产卵盛期，连续放蜂2～3次，每次每亩放1.5万～2万头，可达到较好的控制效果。

（8）药剂防治。由于幼虫蛀食为害，极具隐蔽性，药剂防治必须抓住产卵盛期至卵孵化盛期，大量幼虫尚未蛀入梢、花、果之前进行，一般以百株有卵2代、3代30～50粒，4代50～100粒时及时施药防治，可选用0.3%苦参碱水剂600～1 000倍液，或0.3%印楝素乳油500～1 000倍液，16 000IU /mg苏云金杆菌可湿性粉剂800～1 600倍液，2%阿维菌素乳油1 000～2 000倍液，10亿PIB/g棉铃虫核型多角体病毒可湿性粉剂500～600倍液，20%杀灭菊酯乳油1 500～2 000倍液，2.5%溴氰菊酯乳油2 000～3 000倍液，2.5%高效氯氟氰菊酯（功夫）乳油2 000～3 000倍液，10%联苯菊酯乳油2 000～3 000倍液，1.7%阿维·高氯氟氰可溶性液剂1 000～2 000倍液，21%增效氰戊·马拉硫磷乳油3 000倍液，25%氰戊·辛硫磷乳油1 000～2 000倍液，25%灭幼脲悬浮剂2 000倍液等。对于抗性棉铃虫可用10%溴氰虫酰胺悬浮剂1 500～2 000倍液，或15%唑虫酰胺悬浮剂300～1 000倍液，11.8%甲维盐·唑虫酰胺悬浮剂300～1 000倍液，5%氯虫苯甲酰胺悬浮剂或6%阿维·氯虫苯甲酰胺悬浮剂1 000～1 500倍液，150g/L茚虫威乳油1 500～3 000倍液，50g/L虱螨脲乳油1 000～1 500倍液，10%虫螨腈悬浮剂1 000～1 500倍液，5%氟虫脲乳油1 000倍液，5%氟啶脲乳油600～800倍液，240g/L甲氧虫酰肼悬浮剂1 500 ～ 3 000倍液等进行喷雾防治，每隔7d左右施药1次，连续喷施3 ～ 5次。注意交替用药及各药剂的安全间隔期规定。

（9）人工捕杀。在产卵盛期，结合整枝打杈，可摘除部分卵粒和部分有虫果，并集中销毁。

十、斜纹夜蛾和甜菜夜蛾

斜纹夜蛾、甜菜夜蛾属鳞翅目、夜蛾科，是一类分布范围广、间歇性暴发、主要为害蔬菜的杂食性害虫。幼虫以取食叶片为主，亦取食花、果及嫩枝。

（一）形态特征及为害特点

1.形态特征

（1）斜纹夜蛾。成虫体长14 ～ 20mm，深褐色，翅展35 ～ 40mm，前翅灰褐色，后翅白色，前翅上有数条灰白色斜线交织，其间有环状纹和肾状纹。卵半球形，宽0.4 ～ 0.5mm，初呈黄色，后变褐色。老熟幼虫体长35 ～ 47mm，头部黑色，胴部颜色因寄主和虫口密度不同而异，如土黄色、青黄色、灰褐色、暗绿色等，体上可见背线、亚背线、气门下线等5条纵线。蛹长15 ～ 20mm，红褐色，末端有一对短棘。

（2）甜菜夜蛾。成虫体长10 ～ 14mm，翅展25 ～ 34mm，体灰褐色。前翅中央近前缘外方有肾形斑1个，内方有圆形斑1个。后翅银白色。卵馒头形，白色，表面有放射状的隆起线。幼虫体长约22mm，体色变化很大，绿色、暗绿色至黑褐色。腹部体侧气门下线为明显的黄白色纵带，有的带粉红色，带的末端直达腹部末端。蛹体长10mm左右，黄褐色。

2.为害特点　夜蛾科害虫的初孵幼虫多群集叶背取食叶肉，

斜纹夜蛾成虫

甜菜夜蛾成虫

斜纹夜蛾低龄幼虫

甜菜夜蛾幼虫（绿色型）

斜纹夜蛾老熟幼虫

甜菜夜蛾幼虫（褐色型）

甜菜夜蛾为害豌豆

残留表皮，3龄后分散取食，食量大增，为害加剧，可啃食叶片、蕾、花、幼果、嫩茎，形成孔洞或缺刻，还可蛀入叶球、果实内为害，致使叶球、果实腐烂、脱落。可为害十字花科、豆科、葫芦科、茄科、菊科、伞形花科、藜科等各类蔬菜，尤以生长茂密的十字花科蔬菜、茄科蔬菜、不搭架的瓜类蔬菜受害最重。

甜菜夜蛾为害豇豆

甜菜夜蛾为害芦笋

（二）生活习性及发生规律

夜蛾科害虫分布全国，在北方一年发生2～3代，在江浙地区一年发生5～6代，多以蛹在土内越冬，在广东及其以南地区可终年发生。适宜斜纹夜蛾发育的温度为28～30℃，主要为害期出现在夏季，甜菜夜蛾与之类似。夜蛾科害虫具有间歇性暴发为害的特性，并非一年四季造成为害。成虫对黑光灯和糖蜜气味有较强的趋性，需吸食花蜜作为营养补充，喜在生长茂盛、郁闭的菜田产卵，卵成块或分散于叶背。初孵幼虫多群集在卵块附近取食叶片，3龄后分散为害，食量增大，为害加剧，某些种类的幼虫大发生时还有吃光一片即成群迁移为害的特性。

（三）防治技术

斜纹夜蛾、甜菜夜蛾与棉铃虫、烟青虫同属鳞翅目、夜蛾科害虫，可参照棉铃虫、烟青虫的防治技术及所用药剂进行防治。但由于斜纹夜蛾是一种杂食、暴食性食叶为主的害虫，其第3～5代是为害的关键代数，防治上应采取压低3代、巧治4代、挑治5代的防治策略。防治适期应掌握在卵孵高峰至3龄幼虫分散前，当田间调查发现百株有初孵幼虫20条以上时，应尽快对发生中心（即受害叶较集中的地方）及周围植株实施重点施药防治。一般可选择在傍晚（18:00左右）时施药，要用足药液量，均匀喷洒植株的叶面及叶片背面。

十一、红缘灯蛾

红缘灯蛾又名红边灯蛾、红袖灯蛾、赤边灯蛾，其幼虫称黑毛虫，属鳞翅目、灯蛾科，全国各地都有分布，主要为害十字花科、豆类、瓜类、茄果类、玉米等100多种作物，是一种多食性或杂食性害虫。

（一）形态特征及为害特点

1.形态特征　成虫体长18～20mm，翅展雄46～56mm、雌52～64mm。体、翅白色，前翅前缘及颈板端部红色，腹部背面除基节及肛毛簇外橙黄色，并有黑色横带。卵半球形，直径0.79mm，卵壳表面自顶部向周缘有放射状纵纹，初产时黄白色，有光泽，后渐变为灰黄色至暗灰色。老熟幼虫体长40mm左右，头

红缘灯蛾成虫

红缘灯蛾幼虫

黄褐色，胴部深褐或黑色，全身密被红褐色或黑色长毛，胸足黑色，腹足红色。初龄幼虫体色灰黄。蛹椭圆形，长22～26mm，胸部宽9～10mm，黑褐色，有光泽，具臀刺10根。

2.为害特点　主要以幼虫啃食叶、蕾、花、果、嫩茎，形成孔洞或缺刻，严重时可将叶片吃光。

（二）生活习性及发生规律

红缘灯蛾在各地发生世代均有一定的差异，一年发生1～3代或多代，江苏可年发生2～3代。均以蛹在土内越冬，翌年4月以后陆续羽化为成虫，成虫昼伏夜出，有趋光性。成虫羽化后数天即可产卵，卵块均产于叶背，成块状，卵量数十粒至数百粒不等，成虫寿命5～7d。初孵幼虫群集叶背取食，3龄后分散为害，红缘灯蛾低龄幼虫行动敏捷，幼虫期27～28d，末代幼虫老熟后向沟坡、道旁转移进入浅土层或于落叶等被覆盖物内结茧化蛹越冬。

（三）防治技术

（1）压低虫源基数。蔬菜采收后及时耕翻，清除菜园地面和地边的枯枝落叶、杂草，并集中烧毁，消灭越冬虫源。

（2）灯光诱集。利用成虫具有趋光性及对黑光灯敏感的特点，使用黑光灯诱集，具有一定的防治效果。

（3）人工捕杀。于产卵盛期或幼虫初孵期，及时摘除卵块或初孵幼虫，并集中销毁。幼虫盛发期，可组织人力于夜晚到玉米地、菜地进行人工捕杀。但应注意避免幼虫体毛刺痒皮肤。

（4）草堆诱集。利用幼虫畏光习性，傍晚在菜园、地边堆放枯草，让幼虫躲进草堆，天亮后翻开草堆捕杀，连续几天，也能起到较好诱捕效果。

（5）药剂防治。参照夜蛾科害虫的药剂防治进行。

十二、马铃薯块茎蛾

马铃薯块茎蛾又称马铃薯麦蛾、烟草潜叶蛾、洋芋蛀虫等，属鳞翅目、麦蛾科。起源于中美洲和南美洲北部地区，现已分布于亚洲、欧洲、北美洲、非洲等100多个国家，是茄科作物国际国内检疫性农业害虫。该虫主要为害烟草、马铃薯、茄子等茄科植物，尤其对马铃薯有毁灭性的危害。目前，该虫在我国南方马铃薯产区普遍发生，主要发生在山地和丘陵地区。

（一）形态特征及为害特点

1.形态特征　成虫体长5～6mm，触角丝状，下唇须3节，向上弯曲超过头顶。前翅狭长，鳞片黄褐色。雌虫翅臀区鳞片有黑色斑纹，雄虫翅臀区无此黑斑，有4个黑褐色鳞片组成的斑点，后翅前缘基部有一束长毛，翅缰一根，雌虫翅缰3根。卵椭圆形，微透明，长约0.5mm，初产时乳白色，孵化前变黑褐色。幼虫空腹时体呈乳黄色，为害叶片后呈绿色。末龄幼虫体长11～13mm，头部棕褐色，每侧各有单眼6个。蛹棕色，长6～7mm，宽1.2～

马铃薯块茎蛾成虫

马铃薯块茎蛾幼虫

2.0mm，蛹茧灰白色，长约10mm。

2.为害特点　主要为害茄科植物，其中以烟草、马铃薯、茄子等受害最重，其次是辣椒、番茄，也为害曼陀罗、枸杞、龙葵、酸浆等茄科植物。此虫能严重为害田间和仓储期的马铃薯，尤以仓储期间为害最为严重。田间为害以5月及11月较重，幼虫可为害茎、叶片、茎尖和叶芽，被害茎尖、叶芽往往枯死，幼苗受害严重时亦会枯死。植株上孵化的幼虫，吐丝可随风传播，由叶面钻入叶内蛀食叶肉，仅留上、下表皮，呈半透明状。被害叶片枯死后，幼虫再转移到其他叶片为害，可造成减产20%～30%。仓

马铃薯块茎蛾为害马铃薯块茎

马铃薯块茎蛾为害马铃薯叶片

储期以7～9月为害严重，以幼虫蛀食马铃薯块茎和芽，严重时马铃薯薯块受害率可达100%。

（二）生活习性及发生规律

马铃薯块茎蛾主要进行两性生殖，少数孤雌生殖。马铃薯块茎蛾发生世代数取决于当地的农业气候条件，年发生2～12代。马铃薯块茎蛾对温度有广泛的适应性，且在干燥炎热的年份该虫容易大暴发。在冬季，若有适当的食料和适宜的温湿条件，该虫仍能正常发育，主要以幼虫在田间残留薯块、残株落叶、挂晒过烟叶的墙壁缝隙及室内储藏薯块中越冬。1月份平均气温高于0℃地区，幼虫即能越冬。越冬代成虫于3～4月出现。成虫白天不活动，潜伏于植株叶下、地面或杂草丛内，晚间出来活动，有弱趋光性，雄蛾比雌蛾趋光性强些。成虫飞翔力不强。此代雌蛾如获交配机会，多在田间烟草残株上产卵，如无烟草，亦可产在马铃薯块茎芽眼、破皮裂缝及泥土等粗糙不平处。每雌产卵150～200粒，多者达1 000粒以上。卵期一般7～10d，第一代全育期50d左右。远距离传播主要是通过其寄主植物如马铃薯、种烟、种苗及未经烤制的烟叶等的调运，也可随交通工具、包装物、运载工具等传播。成虫可借风力扩散。

（三）防治技术

（1）严格检疫。严格执行检疫规定，不从疫区调运种薯、食用及饲用薯和未经烤制的烟叶等。

（2）种薯处理。入库种薯可用90%晶体敌百虫可溶性粉剂1 000倍液，或25%西维因可湿性粉剂200～300倍液，25%喹硫磷乳油1 000倍液等喷洒，晾干后运入库内平堆2～3层储藏。也可用二硫化碳在种薯库房直接进行熏蒸，每立方米二硫化碳用量为7.5g，在15～20℃下熏蒸75min。经二硫化碳熏蒸后可杀死各虫态的马铃薯块茎蛾，并对薯块发育或食用无影响。

（3）加强库房及仓储管理。清洁仓库，在缝隙处喷洒药物杀虫，门窗、风洞应用纱布封住，防止成虫从田间迁入库内。

（4）实施健康栽培。实施与禾本科及非茄科作物轮作，避免与烟草等作物连作或邻作。冬季进行深耕、深翻土壤，晒垡、冻垡，压低虫源基数。选择抗性品种，播种时适度深种或起垄栽培，生长期间可行中耕培土，避免薯块外露招引成虫产卵。马铃薯收获前及时清除地上部分的茎叶，并适当灌水调整收获前的土壤湿度，及时采收及分类，马铃薯收获后彻底清洁田园及周边寄主等，可降低马铃薯块茎蛾的为害。

（5）药剂防治。田间防治应在为害世代的成虫盛发期施药。可选用50%辛硫磷乳油1 000倍液，或25%喹硫磷乳油1 000倍液，50%杀螟松乳油1 000倍液，90%晶体敌百虫可溶性粉剂1 000倍液，2.5%溴氰菊酯乳油2 000倍液，20%氰戊菊酯乳油或5%顺式氰戊菊酯乳油2 000倍液，2.5%高效氯氟氰菊酯乳油2 000倍液，10%氯氰菊酯乳油或2.5%高效氯氰菊酯乳油2 000倍液进行喷雾防治。注意轮换用药及各药剂的安全间隔期规定。

十三、黄曲条跳甲

黄曲条跳甲简称跳甲，又名菜蚤子、土跳蚤、黄跳蚤等，属鞘翅目、叶甲科，常为害叶菜类蔬菜。

（一）形态特征及为害特点

1.形态特征　成虫体长6.5～10mm，翅展约25mm。体、翅均为白色，前翅具4个明显的黄色大斑纹，翅基部黄褐色，中室与后缘之间呈一个红色三角形纹，翅顶角下方有一个黑色眼形斑。后翅中室具一小黑点，并有明显的暗色后横线，外缘有2个浅黄斑。栖息时翅伸展，腹部翘起，腹部两侧节间毛束直立。卵长约0.7mm，外形似水饺，卵上有2～5根锯齿状刺，大小长短不一，有稀疏刻点；初产时乳白色，孵化前灰黑色。老熟幼虫体长

黄曲条跳甲成虫

15～18mm，多呈粉红色，低龄期黄白色；头及前胸背板黑褐色，背线褐色；各节均有6个黑褐色毛斑，呈两排，前排4个，后排2个，各节体侧有1个瘤突，上生2根刚毛；腹末端黑色。蛹长8～9mm，浅黄褐色，腹第3、4节气孔上方有一突起。蛹茧坚韧，有内外两层，初结茧时为白色，后逐渐加深为深褐色或棕红色，茧形不规则，多呈长椭圆形。

2.为害特点　黄曲条跳甲主要为害甘蓝、花椰菜、白菜、菜薹、萝卜、芜菁、油菜等十字花科蔬菜，也为害茄果类、瓜类、豆类蔬菜。黄曲条跳甲每年常出现春、秋两个为害高峰期，一般秋季为害较重。成虫啃食叶片，造成叶片孔洞，致使光合作用效率降低，为害严重时，除叶脉以外的叶片全被啃光，幼苗整株死亡，成虫还咬食留种菜的花蕾、嫩荚果柄、嫩梢，造成减产。幼虫则于土中蛀食根皮，咬食须根，致使根系吸水、吸肥能力下降，影响植株生长。

黄曲条跳甲为害甜瓜

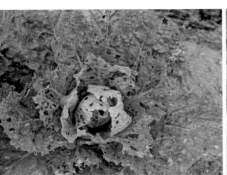

黄曲条跳甲为害白菜

（二）生活习性及发生规律

该虫发生分布范围广，在黑龙江一年发生2代，在华北一年发生4～5代，在长江流域及以南的地区一年发生5～6代，以成虫在残枝落叶、杂草、土表缝隙等隐蔽处越冬。来年开春后成虫开始活动，气温20℃时食量大增，为害加重。成虫善跳，寿命长达1个月以上，卵期也相应拉长，世代重叠严重。卵散产于植株周围的土缝中或细根上。幼虫需要在高湿条件下才能孵化，因此湿度高的菜地往往受害较重。幼虫老熟后即在土中作土室化蛹，蛹期约20d。

（三）防治技术

（1）压低虫源基数。蔬菜采收后及时耕翻，清除菜园残株落叶、杂草，集中烧毁，消灭越冬虫源。

（2）灯光诱集。利用成虫具有趋光性及对黑光灯敏感的特点，使用黑光灯诱集具有一定的防治效果。

（3）药剂防治。

①土壤处理。在耕翻播种时，采用毒土法每亩撒施5%辛硫磷

颗粒剂2 ~ 3kg，或3%呋虫胺颗粒剂1 ~ 1.5kg，可杀死幼虫和蛹，持效期20 ~ 30d以上。

②喷雾。防治成虫可用10%氯氰菊酯乳油2 000 ~ 3 000倍液，或2.5%溴氰菊酯乳油2 000 ~ 3 000倍液，20%氰戊菊酯乳油2 000 ~ 3 000倍液，50%马拉硫磷1 000倍液，10%辛硫磷1 000倍液，90%晶体敌百虫1 000倍液，80%敌敌畏乳油1 000倍液，10%溴氰虫酰胺悬浮剂1 000 ~ 1 500倍液，15%唑虫酰胺悬浮剂1 000 ~ 1 500倍液等喷雾防治。注意轮换用药及各药剂的安全间隔期。

③喷淋或灌根。防治幼虫可用上述药液喷淋植株茎基部或灌根。

（4）注意事项

①适期适时防治。适期施药的关键是抓住成虫为害前期施药。由于成虫活泼善跳，田间查虫时动作要轻，当苗期发现百株上有成虫30只以上时，应施药防治。适时施药的关键是根据成虫活动的规律，有针对性地施药。如夏季温度较高，中午阳光过烈，成虫大多数潜回土中，一般喷药较难杀死，可在早晨7:00 ~ 8:00或傍晚17:00 ~ 18:00（尤以傍晚为好）喷药，此时成虫刚出土活跃性较差，药效好；冬季，上午10:00左右和下午15:00 ~ 16:00，成虫特别活跃，易受惊扰而四处逃窜，但中午常静伏于叶底"午休"。因此，冬季可在早晨成虫刚出土时、中午、傍晚成虫活动处于"疲劳"状态时喷药。

②注意施药方法。由于黄曲条跳甲能飞善跳，给喷药防治提出更高要求。为彻底达到喷杀目的，喷药时必须做到以下四点：

- 加大喷药量，务必喷透、喷匀叶片，喷湿土壤。
- 田块较宽的，应四周先喷，包围杀虫；田块狭长的，可先喷一端，再从另一端喷过去，做到"围追堵截"，防止成虫逃窜。

- 喷药动作宜轻，勿惊扰成虫。
- 配药时加少许洗衣粉，增加药剂在虫体上的附着力。

③科学合理用药。黄曲条跳甲对药物的抵抗能力差，可用的药物较多。可根据其他害虫的防治要求合理选用药剂，以达到兼治其他害虫的目的。如需兼治蚜虫，可用啶虫脒、吡蚜酮、吡虫啉、噻虫嗪、呋虫胺、噻虫胺、噻虫啉等烟碱类的药剂进行复配防治；兼治螟蛾类害虫，可选用阿维菌素、苏云金杆菌、核多角体病毒等生物制剂进行复配防治。成株期可结合其他害虫的防治兼治黄曲条跳甲，一般不需单独防治。在虫情危急、成虫密度大时，可用2.5%溴氰菊酯乳油2 000 ～ 3 000倍液，或20%氰戊菊酯乳油2 000 ～ 3 000倍液进行突击喷雾防治。

十四、猿叶甲

猿叶甲又称乌壳虫，有大、小猿叶甲两个种类，属鞘翅目、叶甲科。两虫形态类似，常混合发生，可为害十字花科、菊科、伞形花科、百合科等蔬菜，是十字花科蔬菜主要害虫。

（一）形态特征及为害特点

1.形态特征

（1）大猿叶甲。成虫体长4.7 ～ 5.2mm，宽2.5mm，长椭圆形，蓝黑色，略有金属光泽，背面密布不规则的大刻点，小盾片三角形，鞘翅基部宽于前胸背板，并且形成隆起的"肩部"，后翅发达，能飞翔。卵长椭圆形，1.5mm×0.6mm，鲜黄色，表面光滑。老熟幼虫体长约7.5mm，头部黑色有光泽，体灰黑色稍带黄色，各节有大小不等的肉瘤，以气门下线及基线上的肉瘤最明显，肛上板坚硬。蛹长约6.5mm，略呈半球形，黄褐色，腹部各节两侧有黑色短小的刚毛簇，腹部末端有1对叉状突起，叉端紫灰色。

（2）小猿叶甲。成虫体长3.4mm，宽2.1～2.8mm，卵圆形，蓝绿色有光泽，腹面黑色，腹部末节端棕色，触角基部2节的顶端带棕色，头小、深嵌入前胸，刻点深密，鞘翅刻点排列规则，每翅8行半，肩瘤外侧还有一行相当稀疏的刻点，后翅退化，不能飞行。卵长椭圆形，但一端较钝，长1.2～1.8mm，宽0.46～0.54mm，初产时为鲜黄色，渐变暗黄色。末龄幼虫体长6.8～7.4mm，灰黑色而带黄，各节有黑色肉瘤8个，在腹部每侧呈4个纵行。蛹体长3.4～3.8mm，近半球形，黄色，腹部各节没有成丛的毛，腹部末端没有叉状突起。

2.为害特点　猿叶甲以成虫、幼虫咬食叶片，形成孔洞或缺刻，严重时叶片被为害成网状，仅留叶脉，并常伴有虫粪污染，严重影响蔬菜的产量和品质。

大猿叶甲为害萝卜

大猿叶甲为害状

小猿叶甲为害状

（二）生活习性及发生规律

大猿叶甲年发生代次由北到南为2～8代，小猿叶甲年发生代次由北到南为2～6代，在南方小猿叶甲与大猿叶虫混合发生，两虫均以成虫在表土层或残枝落叶、杂草、土缝等隐蔽处越冬，来年春季成虫开始活动。在华南成虫可终年活动。大猿叶甲成虫常成堆产卵于根际土表、土缝或植株心叶上，每堆20粒左右，每头雌成虫平均产卵200～500粒；小猿叶甲成虫卵常散产于叶柄上，产前咬孔，一孔一卵，卵横置其中。成虫、幼虫日夜群集为害，咬食叶片，小猿叶甲喜食心叶。猿叶甲成虫、幼虫均有假死习性，受惊即缩足落地。夏季气温高时，成虫有潜入土中或草丛阴凉处夏眠的习性，秋凉时再复出为害。每年3～5月和9～11月为两个为害高峰，通常秋季白菜受害较重。

（三）防治技术

（1）压低虫源基数。秋冬季铲除菜地附近杂草，清除枯枝败叶，以破坏部分早春食料和成虫越冬场所。

（2）人工捕杀。蔬菜生长期间可在田间或田边堆积杂草，诱集越冬成虫，然后收集处理。也可利用其假死性，于清晨人工振落，并集中捕杀。

（3）药剂防治。关键是抓住成虫、幼虫为害前期进行施药防治。当发现苗期百株有成虫、幼虫合计在30头以上时，应施药防治。成株期可结合其他害虫的防治进行兼治，一般不需单独防治。所用药剂、施药方法和注意事项参照黄曲条跳甲的药剂防治进行。

十五、茄二十八星瓢虫

茄二十八星瓢虫又名酸浆瓢虫，属鞘翅目、瓢虫科，可为害马铃薯、茄子、番茄、青椒等茄科蔬菜及黄瓜、冬瓜、丝瓜等葫芦科蔬菜，以为害茄子为主。

（一）形态特征及为害特点

1.形态特征　成虫体长6mm，半球形，黄褐色，体表密生黄色细毛；前胸背板上有6个黑点，中间的两个常连成一个横斑；每个鞘翅上有14个黑斑，其中第2列4个黑斑呈一直线，是与马铃薯瓢虫的区别特征。卵长约1.2mm，弹头形，淡黄至褐色，卵粒排列较紧密。初龄幼虫淡黄色，后变白色，体表多枝刺，其基部有黑褐色环纹，枝刺白色。末龄幼虫体长约7mm。蛹长5.5mm，椭圆形，背面有黑色斑纹，尾端包被着末龄幼虫的蜕皮。

茄二十八星瓢虫成虫

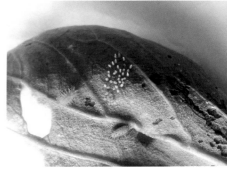
茄二十八星瓢虫卵和初龄幼虫

2.为害特点　成虫和幼虫取食叶肉，残留上表皮呈网状，严重时可将全叶食尽，此外尚取食瓜果表皮，受害部位变硬，带有苦味，影响产量和质量。

茄二十八星瓢虫为害茄子状

（二）生活习性及发生规律

该虫分布于我国东部地区，以长江流域及以南发生较多，常年发生3～4代，以成虫在杂草、土缝、树皮裂缝等隐蔽处越冬，来年4月成虫开始活动。广东常年发生5代，成虫可终年活动，无越冬现象。每年以5月发生数量最多，为害最重。成虫白天活动，有假死性和自相残杀的习性。雌成虫将卵块产于叶背，排列紧密。初孵幼虫群集为害，2龄开始分散为害。老熟幼虫在原处或枯叶中化蛹。卵期5～6d，幼虫期15～25d，蛹期4～15d，成虫寿命25～60d。高温高湿有利于该虫的发生，以5～9月为害最重。

（三）防治技术

（1）压低虫源基数。

（2）人工捕杀。利用成虫假死习性和产卵集中成群，颜色鲜艳，极易发现的特征，轻摇或叩打植株使成虫坠落，并用盆或薄膜承接，集中消灭；田间发现卵块，应及时摘除。

（3）药剂防治。关键是要抓住越冬成虫迁入盛期（第1代）和卵孵化盛期至幼虫分散前期（第2代至第4代）施药防治。当苗期检查发现百株有成虫5头，或初孵幼虫20头，成株期百株有成虫20头，或初孵幼虫100头以上时，应尽快施药防治。可用21%增效氰·马乳油3 000倍液，20%氰戊菊酯乳油3 000倍液，2.5%溴氰菊酯乳油3 000倍液，2.5%高效氯氟氰菊酯乳油3 000倍液，50%辛硫磷乳剂1 000倍液喷雾。注意轮换用药及各药剂安全间隔期规定。

十六、马铃薯瓢虫

马铃薯瓢虫属鞘翅目、瓢虫科，主要为害茄科植物，是马铃薯和茄子的重要害虫。该虫主要分布于我国的北方，包括东北、华北和西北等地。

（一）形态特征及为害特点

1.形态特征　成虫体长7～8mm，半球形，赤褐色，体背密生短毛，并有白色反光。前胸背板中央有一个较大的剑状纹，两侧各有2个黑色小斑（有时合并成1个）。两鞘翅各有14个黑色斑，鞘翅基部3个黑斑后面的4个斑不在一条直线上；两鞘翅合缝处有1～2对黑斑相连。卵子弹形，长约1.4mm，初产时鲜黄色，后变

马铃薯瓢虫成虫

马铃薯瓢虫幼虫

黄褐色，卵块中卵粒排列较松散。幼虫老熟后体长9mm，黄色，纺锤形，背面隆起，体背各节有黑色枝刺，枝刺基部有淡黑色环状纹。蛹长6mm，椭圆形，淡黄色，背面有稀疏细毛及黑色斑纹，尾端包被着幼虫末次蜕的皮壳。

2. 为害特点 成虫和幼虫均取食同样的植物，被取食后的叶片残留表皮，且成许多平行的牙痕。也能将叶吃成孔状或仅存叶脉，严重时全田如枯焦状，植株干枯而死。

马铃薯瓢虫为害番茄状

马铃薯瓢虫为害黄瓜状

（二）生活习性及发生规律

马铃薯瓢虫在东北、华北及山东等地每年发生2代，江苏发生3代，均以成虫在受害株附近的各种缝隙或隐蔽处群集越冬。越冬成虫一般在日平均气温达到16℃以上时开始活动，起初成虫一般不飞翔，只在附近杂草上取食，5～6d后开始飞到周围马铃薯田间。当日平均气温达到20℃时进入活动盛期。成虫产卵于叶背，有假死性，受惊扰时常假死坠地，并分泌有特殊臭味的黄色液体。幼虫共4龄，老熟幼虫在受害株的叶背、茎或附近杂草上化蛹。夏季高温是制约马铃薯瓢虫发生的重要因素，当气温达到28℃以上时，卵一般不能孵化，即使孵化后，幼虫也不能发育至成虫。该虫对马铃薯有较强的依赖性，幼虫、成虫如不取食马铃薯，便不能正常的生长、发育和繁殖。

（三）防治技术

参照茄二十八星瓢虫的防治技术进行。

十七、蔬菜蚜虫

蔬菜蚜虫又叫蜜虫、腻虫等，属同翅目、蚜科。为害蔬菜的蚜虫主要有：菜缢管蚜（萝卜蚜）、桃蚜（烟蚜）和甘蓝蚜（菜蚜）。菜缢管蚜寄主约30种，主要为害白菜、萝卜等；桃蚜寄主约350种，主要为害十字花科蔬菜及茄子、菠菜等；甘蓝蚜寄主约50余种，主要为害甘蓝、花椰菜等。

（一）形态特征及为害特点

1.形态特征

（1）菜缢管蚜。

①有翅胎生雌蚜。头、胸黑色，腹部绿色，第1～6腹节各有独立缘斑，腹管前后斑愈合，第1节有背中窄横带，第5节有小型中斑，第6～8节各有横带，第6节横带不规则。触角第3～5节依次有圆形次生感觉圈21～29个、7～14个、0～4个。

②无翅胎生雌蚜。体长2.3mm，宽1.3mm，绿色或黑绿色，被薄粉，表皮粗糙，有菱形网纹。腹管长筒形，顶端收缩，长度为尾片的1.7倍。尾片有长毛4～6根。

（2）桃蚜。

①有翅孤雌蚜。体长2mm，腹部有黑褐色斑纹，翅无色透明，翅痣灰黄或青黄色。

桃蚜成虫及若虫

②有翅雄蚜。体长1.3 ～ 1.9mm，体色深绿、灰黄、暗红或红褐，头胸部黑色。卵椭圆形，长0.5 ～ 0.7mm，初为橙黄色，后变成漆黑色而有光泽。

（3）甘蓝蚜。

①有翅胎生雌蚜。体长约2.2mm，头、胸部黑色，复眼赤褐色，腹部黄绿色，有数条不很明显的暗绿色横带，两侧各有5个黑点，全身覆有明显的白色蜡粉，无额瘤，触角第3节有37 ～ 49个不规则排列的感觉孔；腹管很短，中部稍膨大。

②无翅胎生雌蚜。体长2.5mm左右，暗绿色，全身覆有较厚的白蜡粉，复眼黑色，触角无感觉孔，无额瘤，腹管短于尾片；尾片近似等边三角形，两侧各有2 ～ 3根长毛。

2.为害特点　以成虫或若虫刺吸植株幼嫩组织的液汁，造成植株失水或营养不良，并常常成群密集在菜叶或菜心上为害，造成叶片卷缩、变黄，并导致煤污病，传播病毒病。严重受害的菜株大量减产甚至全株死亡。

桃蚜为害甘蓝

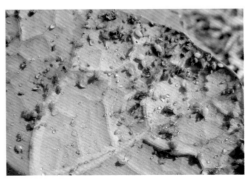

甘蓝蚜为害甘蓝

（二）生活习性及发生规律

1.菜缢管蚜　该虫从北到南年发生代次为十余代至数十余代。在南方地区或温室中，终年以无翅胎生雌蚜繁殖，无明显越冬现象。在北方地区，该虫在蔬菜上产卵越冬。翌春3～4月孵化为干母，在越冬寄主上繁殖几代后，产生有翅蚜，向其他蔬菜上转移，扩大为害，无转换寄主的习性。到晚秋，部分产生性蚜，交配产卵越冬。该虫尤喜白菜、萝卜等叶上有毛的蔬菜品种。因此，全年以秋季在白菜、萝卜上的发生最为严重。

2.桃蚜　该虫在华北地区一年可发生10余代，长江流域一年发生20～30代。桃蚜一般营全周期生活。早春，越冬卵孵化为干母，在冬寄主上营孤雌胎生，繁殖2～3代。当断霜以后，产生有翅胎生雌蚜，从越冬寄主迁飞到十字花科、茄科等侨居寄主上为害，并不断营孤雌胎生繁殖出无翅胎生雌蚜，继续进行为害。此期间，也可产生有翅胎生雌蚜，在夏寄主作物内或夏寄主作物间迁飞。晚秋，当夏寄主衰老，不利于桃蚜生活时，再产生有翅性母蚜，迁飞到冬寄主上，生出无翅卵生雌蚜和有翅雄蚜，雌雄交配后，在冬寄主植物上产卵越冬。越冬卵抗寒力很强，即使在北方高寒地区也能安全越冬。桃蚜也可以一直营孤雌生殖的不全周期生活，如冬季在北方地区，桃蚜仍可在温室内的茄果类蔬菜上继续繁殖为害。

3.甘蓝蚜　该虫年发生8～10代次，世代重叠，以卵越冬，主要在甘蓝、冬萝卜和冬白菜上为害。在温暖地区也可终年营孤雌生殖。越冬卵一般在翌年4月开始孵化，先在留种株上繁殖为害，5月中下旬迁移到春菜上为害，再扩大到夏菜和秋菜上，10月即开始产生性蚜，交尾产卵于留种或储藏的菜株上越冬。少数成蚜和若蚜亦可在菜窖中越冬。

（三）防治技术

（1）选用抗（避）虫品种。利用品种自身一些农艺性状及特性，如黑农41菜用大豆较抗蚜虫和食心虫，毛粉608、佳粉15等番茄对蚜虫及白粉虱具有一定的驱避性等，以达到控制和减少蚜虫的为害。

（2）压低虫源基数。及时清除田间地头杂草，棚、室栽培应及时清理蚜虫的越冬场所，在春季蚜虫尚未迁飞于菜田时及时防治，减少部分蚜源。

（3）合理避蚜。

①合理安排茬口。设施栽培黄瓜、番茄、茄子、辣椒、菜豆等尽量不要混栽，可避免作物间的传播蔓延，同时可在温室、大棚两头进出口处栽植蒜、葱等植物，露地栽培可与芹菜、韭菜、蒜、葱等作物进行间作或套作，利用蚜虫对芹菜、韭菜、蒜、葱等作物忌避作用，减小蚜虫的迁入数量。

②调节播期。适当早播，使植株幼苗期或生长前期（易受蚜虫为害）避开蚜虫发生为害盛期，可减轻蚜虫的为害程度。

③银灰膜避蚜。使用银灰色地膜覆盖，或在田间或大棚入口处和放风口处悬挂银灰色塑料条，悬挂高度1m左右，可明显减少蚜虫迁入数量。

④防虫网阻隔。早春和秋季进行蔬菜育苗，设施栽培棚、室两头进出口及两侧裙边通风口，覆盖或设置40 ～ 60目的防虫网，可防止蚜虫迁入，减轻蚜虫为害。

（4）黄板诱集。利用有翅蚜对黄色的趋性，将黄粘板插在行间或悬挂于棚架上，高度以略高于植株为宜。每隔10d需重新涂抹一次黏油，每亩放置40 ～ 50块。

（5）天敌控制。释放食蚜蝇、黑食蚜盲蝽、丁纹豹蛛、瓢虫

（如七星、异色、龟纹、多异等）、草蛉（大草蛉、丽草蛉、中华草蛉）等天敌，保持一定的种群和数量并加以保护。利用天敌来控制蚜虫种群和数量，可以把其为害局部控制在一个较低的水平。

（6）药剂防治。药剂防治的关键是要抓住蚜虫发生的始盛期用药，当调查发现田间蚜虫最初发生点有大量的翅蚜产生且尚未迁飞扩散时，即为田间防治适期。

①喷雾。可用0.3％苦参碱水剂600～800倍液，或25％吡蚜酮可湿性粉剂（或悬浮剂）2 000～2 500倍液（或每亩20～25mL），3％啶虫脒乳油1 000～1 500倍液，10％吡虫啉可湿性粉剂1 500～2 000倍液，25％噻虫嗪水分散粒剂6 000～7 000倍液，20％呋虫胺悬浮剂3 000～5 000倍液，10％烯啶虫胺水剂3 000～4 000倍液，20％氰戊菊酯乳油3 000倍液，2.5％溴氰菊酯乳3 000倍液，2.5％高效氯氟氰菊酯乳油3 000倍液，22.4％螺虫乙酯悬浮剂3 000倍液，2％阿维菌素或甲氨基阿维菌素苯甲酸盐微乳剂3 000～4 000倍液，10％溴氰虫酰胺悬浮剂500～1 000倍液，15％唑虫酰胺悬浮剂1 000～1 500倍液或11.8％甲维盐·唑虫酰胺悬浮剂1 000～1 500倍液等进行喷雾。施药间隔期为7～10d，连续施药2～3次。注意轮换用药及各药剂安全间隔期规定。对已产生抗药性的地区，可采取药剂复配或混配方法加以防治，如阿维菌素+烯啶虫胺+吡蚜酮，或顺式氯氰菊酯+吡蚜酮+吡虫啉等。

②熏烟。在温室或大棚内，也可使用烟熏剂防治，于傍晚每亩用80％敌敌畏乳油0.25kg，加锯末屑适量，或10％异丙威烟剂0.25～0.3kg，在棚内设若干放烟点点燃（勿起明火）熏烟，并闭棚10h以上，熏烟间隔期5～7d，连续熏烟2～3次防效更佳。该方法可同时防治棚室粉虱、蓟马、潜叶蝇、飞虱、螨类等微型害虫。

十八、粉虱

为害蔬菜的主要有白粉虱和烟粉虱，属同翅目、粉虱科。白粉虱、烟粉虱均属世界性害虫，我国各地均有发生，是蔬菜露地栽培和棚室等保护地栽培的重要害虫。

（一）形态特征及为害特点

1.形态特征

（1）白粉虱。雌成虫体长1～1.5mm，淡黄白色或白色，翅展约2.6mm，雄虫个体略小，雌雄均有翅，全身披有白色蜡粉，雌成虫产卵器为针状。卵长椭圆形，长0.2～0.25mm，初产淡黄色，后变为黑褐色，有卵柄，产于叶背。幼虫（或称若虫）椭圆形、扁平，淡黄或深绿色，体表有长短不齐的蜡质丝状突起。蛹椭圆形，长0.7～0.8mm，中间略隆起，黄褐色，体背有5～8对长短不齐的蜡丝。

白粉虱成虫及若虫

（2）烟粉虱。雌成虫体长0.95～1.05mm，淡黄白色或白色，翅展约2.6mm，雄虫个体略小，雌雄均有翅，全身披有白色蜡粉，复眼红色，触角发达，共7节。卵长椭圆形，长接近0.2mm，初产淡黄绿色，卵孵化前呈琥珀色，有卵柄，产于叶背。幼虫（或称若虫）与白粉虱相似，4龄若虫为伪

烟粉虱成虫

蛹，淡绿色或黄色，长0.6～0.9mm，扁平椭圆形，中央略隆起。

2.为害特点　均以成虫或若虫取食植株液汁，造成植株失水或营养不良，并常常成群密集在菜叶或菜心上为害，造成叶片卷缩、变黄，并导致煤污病，传播病毒病。严重受害的菜株大量减产甚至全株死亡。

白粉虱为害黄瓜

烟粉虱为害茄子　　　　　　　　　烟粉虱为害十字花科蔬菜

（二）生活习性及发生规律

1.白粉虱　该虫在北方温室一年发生10余代，冬天室外不能越冬，华中以南地区以卵在露地越冬。成虫羽化后1～3d可交配产卵，产卵量可达150～300余粒。成虫也可孤雌生殖，其后代为雄性。春季气温升高，成虫可随秧苗移植或从温室转移进入露地发生为害。成虫飞翔能力较弱，对黄色有强烈的趋性，忌避白色、银灰色。成虫有趋嫩习性，喜群集在植株顶部嫩叶为害、产卵。卵以卵柄从气孔插入叶片组织中，极不易脱落。若虫孵化后3d内在叶背做短距离行走，当口器插入叶组织后开始营固着生活，失去了爬行的能力。白粉虱繁殖适温为18～21℃，当气温达到30℃以上时，成虫寿命短、产卵少，卵、幼虫死亡率高。故露地栽培在春末夏初为发生为害高峰期，盛夏高温季节发生轻，秋季气温下降为害可迅速上升。

2.烟粉虱　烟粉虱的生活周期有卵、若虫和成虫3个虫态，其一年发生的世代数因地而异，在热带和亚热带地区每年发生11～15代，在温带地区露地每年可发生4～6代，田间世代重叠，无滞育现象。温暖地区在杂草、花卉上越冬，冷凉地区在温室作物、杂草上越冬，春季转移到蔬菜，夏季转向瓜地和棉田。烟粉虱的最佳发育温度为26～28℃，夏季卵期3d，冬季约33d，1～3龄若虫期10～15d，伪蛹期2～8d，成虫寿命1～2个月。烟粉虱成虫羽化后嗜好在中上部成熟叶片上产卵，而在原为害叶片上产卵很少。卵不规则散产，多产在背面，每头雌虫可产卵30～300粒。烟粉虱对不同的植物表现出不同的为害症状，甘蓝、花椰菜受害后叶片萎缩、黄化、枯萎；萝卜受害颜色白化、无味，重量减轻；番茄受害后果实不均匀成熟。烟粉虱有多种生物型。

（三）防治技术

（1）培育无虫苗。育苗前先要将育苗室彻底消毒杀虫，育苗时要把苗床和生产温室分开，移栽或定植前，要将有虫幼苗清理干净。

（2）合理避虱。参照合理避蚜的方法。

（3）植物诱控。在种植行间间种一些粉虱喜欢的"食物"，如甜瓜、番茄、芸豆等来诱集粉虱，既可以观察田间粉虱发生情况，又便于及早用药、集中防治，把粉虱控制在暴发之前。

（4）黄板诱集。参照黄板诱蚜的方法。

（5）药剂防治。药剂防治的关键是要抓住在粉虱种群发生初期施药。所用药剂、用量及使用方法参照蚜虫的药剂防治进行。

值得注意的是当前用于喷雾的杀虫剂，大多以触杀作用为主，少数农药兼具熏蒸、拒食作用。粉虱依附叶背吸食叶片的汁液，容易形成农药触杀不到的死角，在植株生长茂盛的情况下更是如此。同时，粉虱受到惊动后，会飞动躲避，从而致使药液的触杀效果明显降低。因此，粉虱一旦暴发，仅靠喷雾难以起到良好的防治效果，可采取喷药结合高温闷棚或喷雾+熏烟相结合的方式，以达到更好的防治效果。应注意的是高温闷棚的时间不宜过长，温度也不可过高，否则容易产生药害，一般以棚内温度保持在 $30 \sim 33℃$、$1 \sim 2h$ 为宜，从而达到既不伤害植株，又能起到较好的防治效果。

十九、潜叶蝇

潜叶蝇俗称"夹板虫""地图虫"等，为双翅目、潜蝇科昆虫的总称。为害蔬菜作物的潜叶蝇很多，如美洲斑潜蝇、南美斑潜蝇、番茄斑潜蝇、甘蓝斑潜蝇、豌豆彩潜蝇、甜菜潜叶蝇、菠菜潜叶蝇、三叶草潜叶蝇、菊花潜叶蝇等，绝大多数具有高度的寄主专化性，以植潜蝇亚科的多食性种类为害最为显著，可为害番茄、马铃薯、西葫芦、豌豆、油菜、甘蓝、萝卜、菠菜、甜菜、莴苣等多种蔬菜。在我国蔬菜上发生为害较为严重的主要有美洲斑潜蝇、南美斑潜蝇、番茄斑潜蝇和豌豆彩潜蝇等4种潜叶蝇。其中，美洲斑潜蝇、南美斑潜蝇是两个近缘种，是1994年后从国外陆续传入我国，侵入后的短短几年内，已扩散、分布于我国的大部分省份，给蔬菜、花卉造成了重大经济损失。番茄斑潜蝇属于阶段性为害种。豌豆彩潜蝇也称豌豆潜叶蝇、豌豆植潜蝇，是我国的自然种，该虫分布很广，我国除新疆和西藏未有记载外，各地都有不同程度发生及为害。豌豆潜叶蝇不仅为害鲜豌豆，也可为害其他豆类如黄豆、豇豆等，还会为害白菜、萝卜、油菜、莴苣、甘蓝、番茄、茄子、辣椒、马铃薯等20多种蔬菜和100多种植物。豌豆受害严重时，产量几乎减半甚至绝收。

（一）形态特征及为害特点

1.形态特征

（1）美洲斑潜蝇。成虫体长2 ~ 2.5mm，头部黄色，眼后眶黑色；中胸背板黑色光亮，中胸侧板大部分黄色；足黄色；卵椭圆形，长0.2 ~ 0.3mm，白色，半透明；幼虫蛆状，初孵时半透明，后为鲜橙黄色，幼虫3龄，老熟幼虫长约3mm，是2龄体长的4 ~ 5倍；蛹椭圆形，橙黄色，长1.3 ~ 2.3mm。

（2）豌豆彩潜蝇。雌成虫体长2.3 ~ 2.7mm，腹部肥大，雄成虫体长略短，且腹部瘦小，体暗灰色或银灰色；复眼红褐色至黑褐色；翅半透明，有紫色反光。卵长椭圆形，淡灰白色，半透明，长约0.3mm。幼虫蛆状，圆筒形，初孵时乳白色，取食后渐变淡黄色或鲜黄色，老熟幼虫长约3mm。蛹长椭圆形，长2.1 ~ 2.6mm，黄褐色或褐色。

（3）番茄斑潜蝇。成虫翅长约2mm，除复眼、单眼三角区及胸、腹背面大体黑色外，其余部分和小盾板基本黄色；成虫内、外顶鬃均着生在黄色区。卵米色，稍透明，长0.2 ~ 0.3mm。幼虫蛆状，初孵无色，渐变黄橙色，老熟时长约3mm。蛹卵圆形，腹面稍平，橙黄色，长1.7～2.3mm，蛹后气门7～12孔。

2.为害特点　成虫、幼虫均可为害。成虫主要刺吸植株叶片、花器，吸取营养；幼虫孵化后潜食叶肉，呈曲折蜿蜒的食痕，严重的潜痕密布，致叶片发黄、枯焦或脱落，影响光合作用及蔬菜生长。所不同的是番茄斑潜蝇虫道的终端不明显变宽，豌豆彩潜蝇的虫道随虫龄增大而加宽。这是它们与南美斑潜蝇、美洲斑潜蝇相区别的一个特征。

美洲斑潜蝇为害黄瓜

豌豆彩潜蝇为害豌豆

（二）生活习性及发生规律

1.美洲斑潜蝇　南方一年可发生14～17代。其世代天数随温度变化而变化，一般15℃时约54d，20℃时约16d，30℃时约12d。成虫具有较强的趋光性，虽有一定飞翔能力，但主要随寄主植物的叶片、茎蔓、甚至鲜切花的调运而传播。成虫产卵于叶肉中，初孵幼虫潜食叶肉，并形成隧道，隧道端部略膨大，老龄幼虫咬破隧道的上表皮爬出道外化蛹。

2.豌豆彩潜蝇　我国各地均有发生。华北年发生4～5代，以蛹在被害的叶片内越冬。该虫喜低温，发生很早，3月上中旬至4

月中下旬成虫羽化，第1代幼虫为害春季蔬菜、油菜及豌豆，5～6月为害最重；夏季气温高时为害减轻，秋季为害又有所加重，秋季发生期较长，但数量不大。成虫白天活动，吸食花蜜，交尾产卵。产卵多选择幼嫩绿叶，产于叶背边缘的叶肉里，尤以近叶尖处为多，卵散产，每次1粒，每雌可产50～100粒。幼虫孵化后即蛀食叶肉，虫道随虫龄增大而加宽。幼虫3龄老熟，即在隧道末端化蛹。

3.番茄斑潜蝇 成虫有趋黄性，晴朗的白天行动活泼，夜间静止。在北京地区，一般于3月中旬开始出现，5月中旬至7月初及9月上中旬至10月中旬分别有一个发生高峰期。卵多单粒，产于基部叶片，偏喜在成熟的叶片上由下向上产卵。幼虫老熟后咬破表皮在叶片上、下表皮或土表化蛹。成虫寿命7～15d，雌虫一生平均产卵110～300粒。卵期约13d，幼虫期约9d，蛹期20d左右。该虫在田间分布属扩散型，发生高峰期，全田都可受害。

（三）防治技术

（1）压低虫源基数。初春可重点控制一代虫源。豌豆、莴苣、青菜为豌豆彩潜蝇一代的主要寄主，虫口密度最大，防治应以上述3种寄主为主要对象。适时灌溉，清除杂草，消灭越冬、越夏虫源，降低虫口基数。

（2）合理安排茬口。在温室、大棚内，黄瓜、番茄、茄子、辣椒、菜豆等不要混栽，有条件的可与芹菜、韭菜、蒜、韭黄等间套种。

（3）黄板诱集。参照黄板诱蚜的方法。

（4）灭蝇纸诱杀。在成虫始盛期至盛末期，每亩设置15个诱杀点，每个点放置1张诱蝇纸诱杀成虫，3～4d更换一次。

（5）天敌控制。有条件的地方，释放小茧蜂、姬小蜂、反颚茧蜂、潜蝇茧蜂等天敌，保持一定的种群和数量并加以保护，利用天敌来控制潜叶蝇种群和数量，可以把其为害控制在一个较低的水平。注意协调好生物防治与化学防治的间隔期，并尽量选择对天敌杀伤作用小的药剂。

（6）药剂防治。关键要抓住产卵盛期至孵化初期用药防治。

①喷雾。成虫发生高峰期，可使用昆虫生长调节剂类杀虫剂，如5%氟啶脲1 000 ～ 1 500倍液，5%氟虫脲乳油1 000 ～ 1 500倍液等喷雾，可影响成虫生殖、卵的孵化和幼虫蜕皮、化蛹等。此外，可用75%灭蝇胺可湿性粉剂5 000 ～ 8 000倍液，或2%甲氨基阿维菌素苯甲酸盐3 000 ～ 4 000倍液，10%吡虫啉可湿性粉剂2 000 ～ 3 000倍液，40%阿维·敌敌畏乳油1 000 ～ 1 500倍液，10%氯氰菊酯乳油2 000倍液，10%溴氰虫酰胺悬浮剂1 500 ～ 2 000倍液，15%唑虫酰胺悬浮剂1 000 ～ 1 500倍液或11.8%甲维盐·唑虫酰胺悬浮剂1 000 ～ 1 500倍液，50%辛硫磷乳油1 000倍液，25%喹硫磷乳油1 000倍液等喷雾防治。施药时间以清晨露水干后8:00 ～ 10:00时用药为宜，可顺着植株从上往下喷，以防成虫逃跑，同时要保证叶片正反两面着药。施药间隔期为7 ～ 10d，连续施药2 ～ 3次。注意轮换用药及各药剂安全间隔期规定。

②熏烟。参照蚜虫熏烟防治的技术和方法。

二十、蓟马

葱蓟马、瓜亮蓟马、花蓟马、稻蓟马等，属缨翅目、蓟马科。葱蓟马又名烟蓟马、棉蓟马，主要为害棉花、烟草、苹果、李、梅、葡萄、草莓、菠萝以及葱、蒜、白菜、萝卜等多种蔬菜；瓜亮蓟马又名黄蓟马、节瓜蓟马、瓜蓟马，主要为害瓜类、茄果类及豆类等蔬菜；花蓟马又名台湾蓟马，主要为害棉花、甘蔗、稻、豆类及多种蔬菜；稻蓟马主要为害茭白、水稻、（甜）玉米、小麦等禾本科植物。现主要介绍葱蓟马、瓜亮蓟马和花蓟马。

（一）形态特征及为害特点

1.形态特征

（1）葱蓟马。雌虫体长1.2mm，淡棕色，背面黑色，雄虫极少见，营孤雌生殖。复眼紫红色，单眼3只，褐色。翅狭长、透明，淡黄色，前后翅的前后均有较长的缘缨，细长色淡。触角7节。卵长约0.2mm，肾形，一面内凹，乳白色或淡黄色，产于嫩叶组织内。若虫体黄白色或深褐色，胸部各节有微细褐点，1～2龄若虫无翅芽，4龄若虫有翅芽，不活动，称"伪蛹"。

葱蓟马成虫　　　　　　　　　　　　　葱蓟马若虫

（2）瓜亮蓟马。雌虫体长1mm，雄虫略小，体淡黄色。复眼稍突出，褐色，单眼3只，红色，排成三角形，两翅边缘有较长的缘缨。触角7节。卵长0.2～0.3mm，长椭圆形，淡黄色，产于嫩叶组织内。若虫体黄白色，1～2龄若虫无翅芽；3龄触角向两侧弯曲，复眼红色，鞘状翅芽伸达第3至第4腹节；4龄触角后折于头背上，鞘状翅芽伸达腹部近末端，行动迟钝。

（3）花蓟马。成虫体长1.4mm，褐色至深褐色；头胸部颜色稍浅，头短于前胸；前翅较宽短，头、前胸、翅脉及腹端鬃较粗壮且黑。卵肾形，长0.2mm，宽0.1mm，孵化前显现出两个红色眼点。初孵若虫体长约0.4mm，乳白至淡黄色；2龄若虫体长约1mm，基色黄；复眼红；3龄若虫为预蛹，淡黄色，翅芽明显；4龄若虫为伪蛹，淡黄色，翅芽伸达腹部第5～7节。

2.为害特点　蓟马以成虫和若虫锉吸植株幼嫩组织（枝梢、叶片、花、果实等），汲取汁液，被害的嫩叶、嫩梢变硬卷曲枯萎，植株生长缓慢，节间缩短；幼嫩果实（如茄子、黄瓜、西瓜等）被害部位形成环状、条状或不规则形的疤痕，严重影响产量和品质。

韭菜被害状（葱蓟马）

大葱被害状（葱蓟马）

瓜亮蓟马为害冬瓜

瓜亮蓟马为害黄瓜

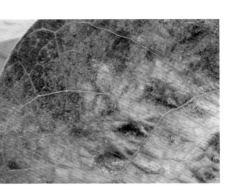

花蓟马为害菜豆

（二）生活习性及发生规律

1.葱蓟马　　该虫在北方地区年发生3～4代，山东6～10代，长江流域及其以南地区10代以上，世代历期19～23d。冬季无滞育，但可冬眠。多以成虫或若虫在未收获的葱、蒜叶鞘及杂草、残株上越冬，少数以蛹在土中越冬。春季在越冬寄主葱、蒜上为害一段时间后，便飞到果树、棉等作物上为害繁殖。成虫活跃，能飞善跳，扩散快，可借风力作远距离迁飞。成虫白天喜在隐蔽处为害，夜间或阴天在叶面上为害，对蓝色光有强烈趋性。卵多产在叶背皮下或叶脉内，卵期6～7d，每雌虫产卵十至数十粒。初孵若虫不太活动，多集中在叶背的叶脉两侧为害。适温（低于25℃）干燥（相对湿度60%以下）有利于其发生。一般在5月中下旬至7月上旬为害严重，此后发生明显减轻，10月早霜来临之前，该虫迁往果园附近的葱、蒜、白菜、萝卜等蔬菜田。

2.瓜亮蓟马　　瓜亮蓟马在南方一年可发生20代以上，多以成虫，少数以3～4龄若虫（预蛹）潜伏在土块、土缝下或枯枝落叶间越冬。越冬成虫在次年气温回升至12℃时开始活动，瓜苗出土后，即转至瓜苗上为害。全年发生、为害以7月下旬至9月中下旬最重。成虫具有趋嫩为害的习性，能飞善跳，行动敏捷，畏强光，白天多隐藏于瓜苗的生长点及幼瓜的茸毛内。雌成虫具有孤雌生殖能力，卵期3～8d，每头雌虫产卵30～70粒。瓜亮蓟马发育最适温度为25～30℃。老熟若虫有自然下落的趋性，钻到土缝进入预蛹状态。土壤湿度与瓜亮蓟马的化蛹和羽化有密切的关系，土壤含水量在8%～18%的范围内，化蛹和羽化率均较高。

3.花蓟马　该虫在南方一年发生11～14代，在北方年发生6～8代。露地以成虫在枯枝落叶层、表土层中越冬，温室内各种虫态都可以越冬。翌年4月中下旬出现第1代，10月下旬至11月上旬进入越冬代。该蓟马世代重叠严重。成虫寿命春季为35d左右，夏季为20～28d，秋季为40～73d。成虫羽化后2～3d开始交配产卵。成虫有趋花性，卵单产于花组织表皮下，每雌可产卵数十粒至数百粒，产卵历期长达20～50d。若虫期约10d，2龄后期或3龄期落土化蛹，蛹期2～3d。温度高，雨量少，发生重。

（三）防治技术

（1）实施健康栽培。早春应及时清除田园及周边的杂草和残株落叶；植株生长期间要加强田间肥水管理，植株生长旺盛，可减轻蓟马的为害。对于瓜亮蓟马，干旱年份及时灌水可减轻其为害。

（2）蓝板诱集。利用蓟马趋蓝色的习性，在田间设置蓝色粘板诱集成虫。粘板高度与作物持平。

（3）药剂防治。早春可对蓟马的寄主植物进行一次预防性防治，压低虫口基数，减少迁飞虫源。定苗后田间百株有虫15～30头，或真叶前百株有虫10头、真叶后百株有虫20～30头，应及时施药防治。

①喷雾。可用2%甲氨基阿维菌素苯甲酸盐3 000～4 000倍液，或0.3%苦参碱水剂800倍液，10%吡虫啉可湿性粉剂1 500～2 000倍液，40%阿维·敌敌畏乳油1 000～1 500倍液，10%氯氰菊酯乳油2 000倍液，10%溴氰虫酰胺悬浮剂1 500～2 000倍液，15%唑虫酰胺悬浮剂1 000～1 500倍液或11.8%甲维盐·唑虫酰胺悬浮剂1 000～1 500倍液，50%辛硫磷乳油1 000倍液，25%喹硫磷乳油1 000倍液，2.4%螺虫乙酯悬浮剂3 000倍液等喷雾防治。施药间隔期为7～10d，连续施药2～3次。注意轮换用药及各药

剂安全间隔期规定。

②熏烟。参照蚜虫、粉虱及潜叶蝇熏烟防治技术进行。

要强调的是蓟马虽然喜欢高温干旱，但蓟马怕光，通常具有昼伏夜出的习性，白天蓟马多躲藏在开花植物的花朵内或者在土壤缝隙内不食不动，当到了傍晚和晚上没有光线的时候，开始外出取食并进行为害。因此，蓟马的药剂防治应注意以下几点：

- 药剂选择。尽量选择具有内吸性和具杀卵功能的杀虫剂。
- 施药时期。防治蓟马要做到及时用药，如在高温干旱来临之际或作物开花前后应及时进行喷药防治。
- 施药时间。选择在傍晚和夜间施药效果更好。
- 施药部位。蓟马多在植物幼嫩部位及花朵、果实上为害，这些部位应重点喷施。有些蓟马容易在土壤缝隙内隐藏，施药时也应喷洒到地面的隐藏部位。此外，对土壤灌水也能起到很好的防治效果。

二十一、蔬菜地下害虫

蔬菜地下害虫种类繁多，主要有地老虎、金龟甲、金针虫、蝼蛄、蟋蟀、葱地种蝇、韭蛆及前面已介绍的黄曲条跳甲，主要为害蔬菜地下部分，常造成伤根（植株地上部萎蔫、卷曲等）、死苗，植株块根、块茎受害后，常形成伤口和孔洞，导致病菌侵入引起腐烂，影响作物品质和产量。

（一）形态特征、为害特点、生活习性及发生规律

1.地老虎　地老虎又名地蚕、切根虫、夜盗虫等，属磷翅目、夜蛾科、切根夜蛾亚科夜蛾的幼虫。地老虎种类很多，为害作物的有20种左右。其中，为害蔬菜的主要是小地老虎、黄地老虎、

大地老虎等，尤以小地老虎分布最广，为害严重。

（1）形态特征。

①小地老虎。成虫体长16～23mm，翅展42～54mm；前翅黑褐色，有肾状纹、环状纹和棒状纹各一，肾状纹外有尖端向外的黑色楔状纹与亚缘线内侧2个尖端向内的黑色楔状纹相对。卵半球形，直径0.6mm，初产时乳白色，孵化前呈棕褐色。老熟幼虫体长37～50mm，黄褐至黑褐色，体表密布黑色颗粒状小突起，背面有淡色纵带，腹部末节背板上有2条深褐色纵带。蛹体长18～24mm，红褐至黑褐色，腹末端具1对臀棘。

小地老虎成虫　　　　　　　　　　小地老虎幼虫

世界性分布，国内普遍发生，但以南方旱作及丘陵旱地发生较重；北方则以沿海、沿湖、沿河、低洼内涝地及水浇地发生较重。

②黄地老虎。成虫体长14～19mm，翅展32～43mm；前翅黄褐色，肾状纹外无黑色楔状纹。卵半球形，直径0.5mm，初产时乳白色，以后渐现淡红斑纹，孵化前变为黑色。老熟幼虫体长32～45mm，淡黄褐色，腹部背面的4个毛片大小相近。蛹体长16～19mm，红褐色。

主要分布在新疆及甘肃乌鞘岭以西地区及黄河、淮河、海河地区。华北和江苏一带年发生3～4代，新疆2～3代，内蒙古2代。

黄地老虎成虫   黄地老虎幼虫

③大地老虎。成虫体长20～23mm，翅展52～62mm；前翅黑褐色，肾状纹外有一不规则的黑斑。卵半球形，直径1.8mm，初产时浅黄色，孵化前呈灰褐色。老熟幼虫体长41～61mm，黄褐色，体表多皱纹。蛹体长23～29mm，腹部第4～7节前缘气门之前密布刻点。

分布较普遍，并常与小地老虎混合发生，以长江流域地区为害较重。国内各地均一年发生1代。

大地老虎成虫   大地老虎幼虫

（2）为害特点。地老虎均以幼虫为害，尤其以3龄后幼虫为害较重，常将幼苗嫩茎在离地面1～2cm处咬断，造成缺苗、断垄。

地老虎为害黄瓜

地老虎为害马铃薯

地老虎在全国各地均以第1代发生为害严重，春播作物受害最重。

（3）生活习性及发生规律。成虫的趋光性和趋化性因虫种而不同。小地老虎、黄地老虎对黑光灯均有趋性；对糖酒醋液的趋性以小地老虎最强；黄地老虎则喜欢在大葱花蕊上取食作为补充营养。卵多产在土表、植物幼嫩茎叶上和枯草根际处，散产或

地老虎咬断玉米根部

堆产。3龄前的幼虫多在土表或植株上活动，昼夜取食叶片、心叶、嫩头、幼芽等部位，食量较小。3龄后分散入土，白天潜伏土中，夜间活动为害，有自残现象。

地老虎的越冬习性较复杂。黄地老虎均以老熟幼虫在土下筑土室越冬。大地老虎以3～6龄幼虫在表土或草丛中越夏和越冬。小地老虎越冬受温度限制，1月份10℃等温线以南的华南为害区及其以南是国内主要虫源基地，江淮蛰伏区也有部分虫源，成虫从虫源地区交错向北迁飞为害。

影响地老虎发生的主要生态因素有：

①温度。高温和低温均不适于地老虎生存、繁殖，温度30℃以上或5℃以下条件下，可使小地老虎1～3龄幼虫大量死亡。平均温度高于30℃时成虫寿命缩短，一般不能产卵。冬季温度偏高，5月份气温稳定，有利于幼虫越冬、化蛹、羽化，故其第1代卵的发育和幼虫成活率高，为害就重。黄地老虎幼虫越冬前和早春越冬幼虫恢复活动后，如遇降温、降雪，或冬季气温偏低，易大量死亡。越冬代成虫盛发期遇较强低温或降雪不仅影响成虫的发生，还会因蜜源植物的花受冻，恶化了成虫补充营养来源而影响产卵量。

②湿度和降水。大地老虎对高温和低温的抵抗能力强，但常因土壤湿度不适而大量死亡。小地老虎在北方的严重为害区多为沿河、沿湖的滩地或低洼内涝地以及常年灌区。成虫盛发期遇有适量降雨或灌水时常导致大发生。土壤含水量在15%～20%的地区有利于幼虫生长发育和成虫产卵。黄地老虎多在地势较高的平原地带发生，如灌水期与成虫盛发期相遇为害就重。在黄淮海地区，前一年秋雨多、田间杂草较多时，常使越冬基数增大，翌年发生为害严重。

③其他因素。如前茬作物、田间杂草或蜜源植物多时，有利于成虫获取补充营养和幼虫的转移，从而加重发生为害。自然天敌中如姬蜂、寄生蝇、绒茧蜂等也对地老虎的发生有一定抑制作用。

2.金龟甲　金龟甲又名金龟子，属鞘翅目、金龟甲科，蛴螬是金龟甲幼虫的总称。金龟甲种类多，如暗黑鳃金龟、铜绿丽金龟、大黑鳃金龟、塔里木鳃金龟等。其中，暗黑鳃金龟、铜绿丽金龟分布最广（除新疆、西藏外，遍布全国各地）、为害最重。

（1）形态特征。

①暗黑鳃金龟。成虫体长17～22mm，体宽9～11.5mm，黑

色或黑褐色，无光泽，被黑色或黄褐色茸毛和蓝灰色闪光层，前胸背板前缘有成列的褐色长毛，鞘翅有纵脊4条，腹部腹板具青蓝色丝绒色泽。暗黑鳃金龟与大黑鳃金龟形态近似，在田间识别须注意以下几点：暗黑鳃金龟体无光泽，幼虫前顶刚毛每侧1根；大黑鳃金龟体有光泽，幼虫前顶刚毛每侧3根。成虫、幼虫食性杂。

暗黑鳃金龟成虫

② 铜绿丽金龟。成虫体长19～21mm，宽9～10mm，体背铜绿色，有光泽。前胸背板两侧为黄绿色，鞘翅铜绿色，有3条隆起的纵纹。卵椭圆形，初产时乳白色，后为淡黄色。幼虫体长约40mm，头黄褐色，体乳白色，身体弯曲呈"C"形。裸蛹椭圆形，淡褐色。

铜绿丽金龟成虫

（2）为害特点。幼虫主要为害蔬菜、大田作物、果树的幼苗或取食萌发的种子和嫩根，咬断处切口齐整。成虫大多食害果树、林木或大田作物的嫩芽、叶片和果实等。

蛴螬为害胡萝卜状

铜绿丽金龟成虫取食叶片

（3）生活习性及发生规律。

①暗黑鳃金龟。该虫每年发生1代，多以老熟幼虫越冬，至翌年5月中下旬开始化蛹，一般春季不为害。6～7月份成虫盛发。7～8月份为幼虫发生和为害期。成虫昼伏夜出，一般选择无风、温暖的傍晚出土，天明前入土。成虫有假死习性。幼虫活动主要受土壤温湿度制约，在卵和幼虫的低龄阶段，若土壤中水分含量较大则会淹死卵和幼虫。幼虫活动也受温度制约，幼虫常以上下移动寻求适合地温。到9月份多数幼虫下移越冬。

②铜绿丽金龟。该虫每年发生一代，以3龄幼虫在土内越冬，翌年春季3月下旬至4月上旬，越冬幼虫复出，取食为害，5～6月作土室化蛹。5月下旬至6月初成虫开始出土，成虫为害严重的时间集中在6月中旬至7月上旬，为害期约40d。成虫多在傍晚18:00～19:00飞出进行交配产卵，晚上20:00以后开始为害，直至凌晨3:00～4:00飞离果园重新到土中潜伏。成虫喜欢栖息在疏松、潮湿的土壤中，潜入深度一般为7cm左右。成虫有较强的趋光性，尤以20:00～22:00灯诱数量最多。成虫也有较强的假死性。成虫于6月中旬产卵于果树下的土壤内或大豆、花生、甘薯、苜蓿地里，雌虫每次产卵20～30粒，7月份出现新一代幼虫，取食寄主植物的根部，9月份幼虫多数长至3龄，食量大，为害重。10月上中旬幼虫在土中开始下迁越冬，形成春、秋两次为害高峰期。

3.金针虫　金针虫属鞘翅目、叩甲科，其成虫为叩头虫。该虫种类较多，如沟金针虫、细胸金针虫、褐纹金针虫和宽背金针虫等。其中，以沟金针虫、细胸金针虫发生普遍，为害较重。

（1）形态特征。成虫体长8～18mm，依种类而异。体形细长或扁平，体黑或黑褐色，头部生有1对触角，胸部着生3对细长的足，前胸腹板具1个突起，可纳入中胸腹板的沟穴中。头部能上下活动似叩头状，故俗称"叩头虫"。卵乳白色，椭圆形或

| 沟金针虫 | 细胸金针虫 | 褐纹金针虫 |

近圆形，其大小依种类而异。幼虫体长13～
30mm，依种类而异，圆筒形，体表坚硬，蜡黄
色或褐色，并有光泽，故名"金针虫"。蛹体长
10～20mm，依种类而异，淡黄色至深褐色。

（2）为害特点。金针虫食性广，为害多种
大田作物、蔬菜及瓜类幼苗。幼虫春季咬食刚
发芽的种子、幼根及茎的地下部分，并沿茎向
上钻蛀至土表为止，使幼苗整株枯死，造成缺
苗断垄。此外，主要在北方地区，细胸金针虫
还可为害蘑菇等食用菌。

（3）生活习性及发生规律。

为害玉米苗主根

①沟金针虫。需2～3年完成1代，以幼虫
和成虫在土中越冬。该虫在北方及河南、山东、湖北、安徽、江
苏等地发生较重。受土壤水分、食料等条件的影响，田间幼虫发
育很不整齐，有世代重叠现象。老熟幼虫从8月上旬开始陆续入土
化蛹，蛹以10～20mm土层中最多，蛹期2～3周。成虫于9月上
中旬开始羽化，不出土，当年进入越冬。翌年春季随着气温的回

升，越冬成虫陆续开始活动，3月中旬至4月中旬为活动盛期。雌虫行动迟缓，不能飞翔，有假死性，无趋光性；雄虫出土迅速，活跃，飞翔力较强，一般只做短距离飞翔，有趋光性。成虫白天躲藏在土表、杂草或土块下，傍晚爬出土面取食和交配。卵产于3～7mm深的土层，散产，一头雌虫可产卵30～160粒，卵发育历期平均为40多d。雄虫交配后3～5d即死亡，雌虫产卵后死去，成虫寿命约220d。5月上旬卵开始孵化，食料充足，当年幼虫体长可达15mm以上。

②细胸金针虫。该虫在北方及河南、山东等地发生较重。细胸金针虫在东北约需3年完成1个世代。6月中下旬成虫羽化，活动能力较强，对禾本科草类刚腐烂发酵时的气味有趋性。6月下旬至7月上旬为产卵盛期，卵产于表土内，卵发育历期为10～20d。幼虫喜潮湿及微偏酸性的土壤，一般10cm深的土层温度在7～13℃时为害严重，7月上中旬土温升达17℃时即逐渐停止为害。在华北地区多发生于湿度较大的低洼湿地或水地及河岸淤泥地，以富含水分和有机质的黏土地较多见。

4.蝼蛄　蝼蛄俗称拉拉蛄、土狗等，属直翅目、蝼蛄科。国内记载的有6种，其中，以华北蝼蛄、东方蝼蛄发生普遍，为害较重。

（1）形态特征。

①华北蝼蛄。雌成虫体长45～50mm，雄成虫体长39～45mm，形似非洲蝼蛄，但体黄褐至暗褐色，前胸背板中央有一心脏形红色斑点。后足胫节背侧内缘有棘1个或消失。腹部近圆筒形，背面黑褐色，腹面黄褐色，尾须长约为体长。卵椭圆形，初产长1.6～1.8mm，宽1.1～1.3mm，

华北蝼蛄

孵化前长2.4～2.8mm，宽1.5～1.7mm，初产时黄白色，后变黄褐色，孵化前呈深灰色。若虫形似成虫，体较小，初孵时体乳白色，2龄以后变为黄褐色，5～6龄后基本与成虫同色。

②东方蝼蛄。成虫体长30～35mm，灰褐色，全身密布细毛。头圆锥形，触角丝状。前胸背板卵圆形，中间具一暗红色长心脏形凹陷斑。前翅灰褐色，较短，仅达腹部中部；后翅扇形，较长，超过腹部末端。腹末具1对尾须。前足为开掘足，后足胫节背面内侧有4个距。卵椭圆形，初产长约2.8mm，宽1.5mm，灰白色，有光泽，后逐渐变成黄褐色，孵化之前为暗紫色或暗褐色，长约4mm，宽2.3mm。若虫8～9个龄期，初孵若虫乳白色，2龄以上若虫体色接近成虫，末龄若虫体长约25mm。

东方蝼蛄

（2）为害特点。蝼蛄以成虫和若虫为害多种大田作物、蔬菜及果树、林木，咬食植物的幼根和嫩茎，也蛀食薯类的块根和块茎，被害部位呈麻丝状。同时由于成虫和若虫在表土层活动开掘隧道，纵横穿行，造成幼苗干枯死亡，缺苗断垄。

（3）生活习性及发生规律。华北蝼蛄约3年发生1代，而东方蝼蛄在华中、长江流域及其以南地区每年发生1代，在华北、东北、西北2年左右完成1代，在陕北和关中地区1～2年发生1代。两虫均以成虫和若虫在土中越冬，且两虫在1年中的活动规律相似，即当春天气温达8℃时开始活动，秋季低于8℃时则停止活动。故在春、秋两季可形成两个为害高峰。

其主要习性有：

①群集性。初孵若虫有群集性，怕光、怕风、怕水。东方蝼

蛄孵化后3～6d群集一起，以后分散为害；华北蝼蛄初孵若虫在3龄后方分散为害。

②趋光性。蝼蛄昼伏夜出，具有强烈的趋光性。华北蝼蛄因体形较大，飞翔力弱，灯下的诱集率不如东方蝼蛄高。但在风速小、气温较高、闷热将雨的夜晚，也能大量诱到。

③趋化性。蝼蛄对香、甜气味有趋性，特别嗜食煮至半熟的谷子、棉籽及炒香的豆饼、麦麸等。此外，蝼蛄对马粪、有机肥等未腐烂有机物有趋性。

④趋湿性。蝼蛄喜栖息在河岸渠旁、菜园地及轻度盐碱潮湿地，有"蝼蛄跑湿不跑干"之说。东方蝼蛄比华北蝼蛄更喜湿。土壤中大量施用未腐熟的厩肥、堆肥，易导致蝼蛄发生、为害，在雨后和灌溉后常导致为害加重。

5.葱地种蝇 葱地种蝇又名葱蝇、葱蛆、蒜蛆等，属双翅目、花蝇科。杂食性害虫，主要为害大葱、小葱、洋葱、大蒜、韭菜、百合等百合科蔬菜，还可为害瓜类、豆类、薯类作物及玉米、棉花等作物。

（1）形态特征。成蝇体长4.5～6.5mm，前翅基背毛极短小，不及盾间沟后的背中毛。雄蝇两复眼间额带最窄部分比中单眼窄，后足胫节的内下方中央，有成列稀疏而大致等长的短毛；雌蝇中足胫节的外上方有两根刚毛。幼虫体长7mm，乳白而带淡黄色，尾端除有1对明显的气门外，从背面还可见到7对肉质突起，各突起均不分叉。

（2）为害特点。以幼虫蛀入蒜、葱等的鳞茎取食，受害的鳞茎被蛀成孔洞，引起腐烂，叶片枯黄，凋萎致死。

（3）生活习性及发生规律。华北地区每年发生3～4代，长江流域及

葱地种蝇成虫

葱地种蝇幼虫

以南地区发生代次相应增加，以蛹在土中或粪堆中越冬。5月上旬成虫盛发，卵成堆产在葱叶、鳞茎和植株周围1cm深的表土层中。卵期3～5d，孵化后幼虫很快钻入鳞茎内为害。幼虫期17～18d。老熟幼虫在被害株周围的土中化蛹，蛹期约14d。

6.韭蛆　韭蛆又名韭菜根蛆，属双翅目、眼蕈蚊科、迟眼蕈蚊属。主要为害韭菜、大葱、洋葱、小葱、大蒜等百合科蔬菜，偶尔也为害莴苣、青菜、芹菜等，主要分布于北京、天津、山东、山西、辽宁、江西、宁夏、内蒙古、浙江等地，是葱蒜类蔬菜的主要害虫之一。

（1）形态特征。成虫为小型蚊子，体长3～4mm，黑褐色，头小，常成群聚集，交配后不久即在原地产卵，造成田间点片发生，为害严重。卵长0.25mm，椭圆形，乳白色，多产于韭菜株丛地下3～4cm处。幼虫体长6～9mm，圆筒形，头部黑色，酮体乳白色，表面光滑，前端较尖，后端稍平。蛹长2.7～3mm，长椭圆形，裸蛹开始为黄白色，后慢慢变为黄褐色，最后变为灰黑色。

（2）为害特点。以幼虫聚集在韭菜地下部的鳞茎和柔嫩的茎部为害。初孵幼虫先为害韭菜叶鞘基部和鳞茎的上端，春、秋两季主要为害韭菜的幼茎引起腐烂，使韭叶枯黄而死。夏季幼虫向

韭蛆雌成虫

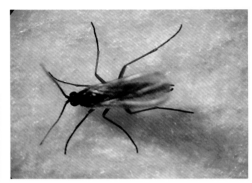

韭蛆雄成虫

韭蛆低龄幼虫

韭蛆老熟幼虫

韭蛆卵

下活动蛀入鳞茎，重者鳞茎腐烂，整墩韭菜死亡。

（3）生活习性及发生规律。一般一年发生4代，分别发生于5月上旬、6月中旬、8月上旬及9月下旬。以蛹越冬，7月下旬至8月上旬成虫、幼虫大发生，幼虫成群为害韭菜地下根茎；成虫喜阴湿，能飞善走，甚为活泼，常栖息在韭菜根周围的土块缝隙

韭菜被害状

间。以老熟幼虫或蛹在韭菜鳞茎内及根际3～4cm深的土中越冬。成虫畏光、喜湿、怕干，对葱蒜类蔬菜散发的气味有明显趋性。卵多产在韭菜根茎周围的土壤内。幼虫为害韭菜地下叶鞘、嫩茎及芽，咬断嫩茎并蛀入鳞茎内为害。露地栽培的韭菜田，韭蛆幼虫分布于距地面2～3cm处的土中，最深不超过5～6cm。土壤湿度是韭蛆发生的重要影响因素，黏土田较沙土田发生量少。

（二）蔬菜地下害虫的防治

由于蔬菜地下害虫发生的种类多，发生普遍且为害严重，因此生产上必须采取"预防为主，综合防治"的方针，充分运用农业防治、物理防治、生物防治及药剂防治等综合防治措施，以达到有效控制其发生及为害的目的。

1.压低虫源基数，恶化及破坏地下害虫栖息和繁育的生境　厩肥等农家肥、饼肥等必须经充分腐熟后再施入田间，以减少带入田间的虫源数量。定植前可通过土壤耕翻、冻垡、晒垡等措施，定植后作物生长期间可通过中耕、除草、合理灌水等措施，以恶化及破坏地下害虫栖息和繁育的生境，可减轻葱地种蝇、金针虫等地下害虫的发生及为害。

2.及时覆膜（土）可有效减轻葱地种蝇、韭蛆的发生及为害　韭菜刚刚收割后，畦面空气中散发着浓郁的韭菜味，会引来大批葱地种蝇、韭蛆成虫产卵。因此，韭菜收割后，应立即在韭菜畦面上覆盖塑料薄膜3～5d，以阻隔成虫产卵。待韭菜伤口愈合、气味消失后再揭掉薄膜，可大大减轻韭蛆的为害。同时，韭菜的生长期间有一种特殊的"跳根"现象，韭菜每割一茬，韭根就向上拱出0.5cm左右。时间长了，韭根就会露出地表，露根既无法吸收营养，又会招致成虫产卵，所以覆土（沙）就成了韭菜生产上的常规管理措施。一般露地韭菜整个生长季节需要培土（1～2cm厚的细土）2～3次，可有效阻止成虫产卵，同时又能干燥地表，不利于卵的孵化。

3.压低田间卵量、食饵诱集和人工捕杀幼虫可减轻地老虎的发生及为害

（1）草把诱卵。用稻草或麦秆扎成草把，插于田间引诱地老虎成虫产卵，每亩设置3～5把，每5天更换1次，更换下的草把要集中烧毁以灭卵。

（2）食饵诱集。傍晚将泡桐叶、莴苣叶，或苜蓿、艾蒿、青蒿、灰菜、白茅、鹅儿草等鲜草均匀混合，堆放在田间，每亩放100堆左右，每堆面积约10cm²，于第二天清晨翻开草堆捕杀幼虫，如此连续5～10d，即可将大部分地老虎幼虫消灭。

（3）人工捕杀。对于受地老虎为害较重的菜地，清晨于断苗附近，扒开表土找到并直接捕杀幼虫。

4.灯光诱集　利用大部分地下害虫的趋光（尤其是短光波）习性，于成虫盛发期，在田间设置黑光灯诱集成虫，方法与前述防治夜蛾类、灯蛾类害虫一样。此项措施为可选择性防治措施。

5.性诱剂诱集　利用小地老虎性诱剂诱捕其雄性成虫，从而减少雌性成虫交配及产卵的机会，可降低田间虫量。即在成虫发

生期，将诱芯及诱捕器悬挂于田间，距离作物上方15cm左右，每亩棋盘式配置3～5套为宜。此外，暗黑鳃金龟子成虫的性引诱剂也已经研发成功，可在成虫发生高峰期使用。具体使用方法可参见产品使用说明书。

6.天敌控制　金龟子幼虫蛴螬的天敌主要有茶色食虫虻、金龟子黑土蜂等，土蜂是寄生金龟子幼虫蛴螬的重要天敌，可对蛴螬起到良好的自然控制作用。

7.药剂防治　药剂防治的关键是要在作物播种或移栽前，查明田间地下害虫的实际种类及数量，做到因地制宜地用药防治。调查方法：每类型菜地调查2～3个样点，每点查1m²，掘土深度30～50cm，仔细检查地下害虫的种类及数量，凡平均每平方米有蝼蛄0.5头，或有蛴螬3头，或有金针虫1.5头，或合计有地下害虫3头以上的菜地，应列为药剂防治的对象田。下面介绍几种常用的药剂防治方法。

（1）毒土法。在蔬菜播种前，每亩可用50%的辛硫磷乳油0.5kg或80%敌敌畏乳油0.5kg，加适量水喷拌细土或炉渣颗粒15～20kg制成毒土（渣），撒于地表，并立即深耕耙平。每亩也可用2.5%敌百虫粉剂1.5～2kg加10kg细土制成毒土于播种前或定植前沟施、穴施或撒施，对地老虎等多种地下害虫具有较好的防治效果。

（2）药剂拌种。防治地老虎幼虫、蛴螬、葱蛆等地下害虫，可用40%二嗪农乳油，按种子量0.4%～0.5%的用量，加适量水稀释拌种，还可用50%辛硫磷乳油，按药∶水∶种子=1∶50∶600的配比拌种，还可用40%溴氰虫酰胺·噻虫嗪种子处理悬浮剂按1∶（200～300）（药种比）拌种，拌种后堆闷3～4h后播种。

（3）毒饵诱杀。利用害虫的趋化特性，采用毒饵诱杀。如在韭蛆为害较严重的地块，将糖、醋、水按1.5∶1.5∶7比例，并加入少量敌百虫拌匀制成毒饵，每亩放置 2 ~ 3诱盆，诱杀韭蛆成虫；在蝼蛄为害较严重的地块，将糖、醋、水按1：3：6的比例配制，并加入少量敌百虫拌匀制成毒饵，将诱盆置于田间地头可诱杀蝼蛄。注意及时添加糖醋液，以保持有充足的诱饵。在地老虎为害较严重的地块，可将糖、醋、酒、水按3：4：1：2比例，并加入少量敌百虫拌匀，或用酒糟拌少量敌百虫制成毒饵，于每天傍晚将诱盆置于田间距离地面1m高处，次日上午收回，对地老虎雌、雄成虫均有一定的防治效果。以蝼蛄为害为主的地块，可将炒香的麦麸拌少量敌百虫或辛硫磷配成毒饵诱杀，每100kg麦麸加80%敌百虫可湿性粉剂1kg或50%辛硫磷乳油1kg，再加10kg水拌匀，于傍晚撒在菜地里，每亩撒15 ~ 25kg，不仅对蝼蛄诱杀效果良好，同时对蟋蟀、地老虎幼虫也有良好的诱杀效果。在地老虎发生较重的地块，可将上述某一种农药的10倍液喷拌在铡碎的害虫喜食的鲜草或鲜菜上，制成毒草（毒菜），于傍晚（以防止鲜草很快干枯）分成小堆施于田间，每亩用15 ~ 20kg，次日清晨收集死虫。

（4）喷淋或灌根。对葱蒜类蔬菜和田间的粪肥堆，可在葱地种蝇成虫羽化盛期喷雾或喷淋，可用80%敌敌畏乳油800 ~ 1 000倍液，或2.5%溴氰菊酯乳油3 000倍液等进行喷洒杀灭成虫，以减少产卵和幼虫数量。在大蒜、韭菜、瓜类蔬菜葱地种蝇发生较重的地块，于幼虫初孵始盛期，可用90%敌百虫晶体粉剂300 ~ 500倍液，或50%辛硫磷乳油1 000倍液等喷淋或灌根2 ~ 3次，施药间隔期为7 ~ 10d。防治韭蛆幼虫可选用50%辛硫磷乳油1 000倍液，或1.1%苦参碱粉剂500倍液灌根，每月1次。也可亩用10%灭蝇胺悬浮剂75 ~ 90g兑水稀释800 ~ 1 000倍液，用高压喷雾器顺垄喷雾，对韭蛆幼虫防治效果显著。防治韭蛆成虫，于成虫盛发期，每亩可顺垄撒施2.5%敌百虫粉剂2 ~ 2.6kg，也可用80%敌敌畏乳油或40%辛硫磷乳油800 ～ 1 000倍液，2.5%溴氰菊酯乳油或20%杀灭菊酯乳油1 500 ～ 2 000倍液等进行茎叶喷雾。防治韭蛆成虫应注意在上午9:00 ～ 11:00为宜，因为此时为成虫的羽化高峰时段，同时对韭菜周围的土表也应喷雾施药。

（5）**药液蘸（浸）根。** 在韭菜等蔬菜移栽时，可用50%辛硫磷乳油1 000倍液蘸（浸）根，也能起到较好的防治效果。注意交替用药或轮换用药。

应注意的是防治地下害虫应选择针对性强，具有熏杀、触杀作用的高效、低毒、低残留化学农药，或选择对环境友好的生物制剂。同时化学防治中应掌握适宜的用药浓度，不得随意加大用药量，做到既能保证防效，又能减少残留和污染。在生产实际中，一般防治成虫应以越冬代成虫为关键，时间在4月中下旬；防治幼虫以春、秋两季为主，春季成功防治可降低全年为害，秋季防治彻底可压低越冬基数。幼虫防治适期一般为5月上中旬和10月中下旬。保护地栽培因扣棚时间不同，可根据虫情调查来确定具体的防治时间。

二十二、蔬菜害螨

蔬菜上发生为害的螨类主要是叶螨和茶黄螨，主要为害茄科、葫芦科和豆科蔬菜。叶螨于每年的3 ～ 4月开始发生为害，6 ～ 7月达到为害高峰期，秋季为害偏轻；而茶黄螨7 ～ 9月在设施蔬菜上为害严重。

（一）形态特征、为害特点、生活习性及发生规律

1.叶螨　蔬菜上发生为害的叶螨主要有朱砂叶螨（又名红蜘蛛）、截形叶螨和二斑叶螨（又名二点叶螨）。3种叶螨同属于真螨

目、叶螨科,既可单独为害,又能复合发生,主要为害瓜类、豆类蔬菜和茄子、辣椒等,以及果树、棉花、玉米等多种农作物。

(1) 形态特征。

①朱砂叶螨。雌成虫体长0.28～0.32mm,体红至紫红色(有些甚至为黑色),在身体两侧各具一倒"山"字形黑斑,体末端圆,呈卵圆形。雄成虫体色常为绿色或橙黄色,较雌螨略小,体后部尖削。卵圆形,初产乳白色,后期呈乳黄色,产于丝网上。

朱砂叶螨

②截形叶螨。雌成螨椭圆形,深红色,足及腭体白色,体侧有黑斑;雄成螨阳具柄部宽大,末端向背面弯曲形成一微小端锤,背缘平截状,末端1/3处具一凹陷,端锤内角钝圆,外角尖削。

③二斑叶螨。雌雄成螨体形似朱砂叶螨,体色淡黄或黄绿色。卵球形,长约0.13mm,光滑,初产为乳白色,渐变橙黄色,将孵化时现出红色眼点。幼螨初孵时近圆形,体长约0.15mm,白色,取食后变暗绿色,眼红色,足3对。前若螨体长0.21mm,近卵圆形,足4对,色变深,体背出现色斑;后若螨体长0.36mm,与成螨相似。

(2) 为害特点。3种叶螨均以成螨、若螨在叶片背面刺吸寄主汁液,受害叶片出现灰白色或枯黄色细小的失绿斑点。发生严重时,成螨和若螨可为害植株地上各个部位,吐丝结网、聚集为害,致整个叶片呈灰白至灰黄色干枯,直至全株死亡。

(3) 生活习性及发生规律。叶螨发生普遍,分布全国,我国从北往南每年发生数代至20余代,在江苏一年可发生18～20代,在华南或温室、棚室内可终年繁殖,世代重叠严重。以成螨群集

朱砂叶螨为害西瓜状

在土缝、树皮和杂草根部越冬，翌年气温达10℃以上时开始大量繁殖，4～5月迁入菜田为害。叶螨有吐丝结网的习性，常吐丝结网，栖息于网内刺吸植株汁液和产卵；叶螨还有群聚的习性，常可见在植株叶片尖端、叶缘和茎、枝端部聚集成球或厚厚的一层。成螨羽化后即可交配产卵，卵多产于叶片背面，孵化后的幼螨和前期若螨不甚活动，后期若螨活泼贪食，并有向植株上端爬行为害的特点。叶螨除有性生殖外，还可营孤雌生殖，但其后代多为雄螨。叶螨靠爬行和吐丝下垂作近距离扩散，借风和农事操作的携带作远距离传播。气温29～31℃、相对湿度35%～55%有利于叶螨的发生与繁殖，相对湿度超过70%时不利于其繁殖。田间杂草丛生、管理粗放，叶螨发生重。

2.茶黄螨　茶黄螨又名侧多食跗线螨、茶半跗线螨、茶嫩叶螨、阔体螨、白蜘蛛等，属蛛形纲、蜱螨目、跗线螨科。是为害蔬菜较重的害螨之一，食性极杂，寄主植物广泛。主要为害黄瓜、茄子、辣椒、马铃薯、番茄、瓜类、豆类、芹菜、木耳菜、萝卜等蔬菜。

（1）形态特征。雌成螨长约0.21mm，体躯阔卵形，体分节不明显，淡黄至黄绿色，半透明有光泽。足4对，沿背中线有一白色

茶黄螨雌成螨及卵

条纹，腹部末端平截。雄成螨体长约0.19mm，体躯近六角形，淡黄至黄绿色，足较长且粗壮。卵长约0.1mm，椭圆形，灰白色、半透明，卵面有6排纵向排列的泡状突起，底面平整光滑。幼螨近椭圆形，躯体分3节，足3对。若螨半透明，菱形，被幼螨表皮所包围。

（2）为害特点。以成螨和幼螨集中在蔬菜幼嫩部位刺吸汁液为害。被害叶片增厚僵直、变小或变窄，叶背呈黄褐色、油渍状，叶缘向下卷曲；被害幼茎变褐，丛生或秃尖；被害花蕾畸形；被害果实变褐色，粗糙，无光泽，出现裂果；植株矮缩。

茶黄螨为害茄子

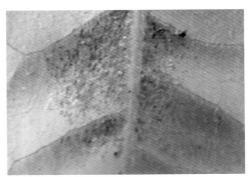

茶黄螨为害马铃薯叶片

（3）生活习性及发生规律。该螨发生普遍，分布全国。在江浙地区，露地每年可发生20代以上，保护地栽培可周年发生，但冬季为害轻，世代重叠严重。保护地栽培，常年在3月上中旬初见其为害，4～6月可见为害严重田块。露地栽培，4月中下旬初见其为害，7～9月为该螨的盛发期。成螨通常在土缝、冬季蔬菜及杂草根部越冬。茶黄螨主要靠爬行、风力、农事操作等传播蔓延。幼螨喜温暖潮湿的环境条件，成螨较活跃，且有雄螨负雌螨向植株上部幼嫩部位转移的习性。卵多产在嫩叶背面、果实凹陷处及嫩芽上，经 2 ～ 3d 孵化，幼（若）螨期 2 ～ 3d。雌螨以两性生殖为主，也可营孤雌生殖。气温 16 ～ 27℃、相对湿度 45% ～ 90% 有利于其发生及为害。浙江及长江中下游地区的盛发期为 7 ～ 9 月。

（二）蔬菜害螨的防治

（1）压低虫源基数。春季及早清除田间杂草，收集、翻埋残枝落叶，可以减少虫源基数。

（2）培育无虫壮苗。育苗前先要将育苗室彻底消毒杀虫，育苗时要把苗床和生产温室分开，移栽或定植前，要将有虫幼苗清理干净。

（3）高温闷棚。棚室等保护地栽培，可结合休棚期于定植前，参照枯萎病防治高温闷棚技术及方法，杀灭棚室内残留虫体。

（4）防虫网阻隔。定植前，在棚室通风口及出入口安装 60 目防虫网，防止外界害螨侵入。

（5）天敌控制。利用害螨的天敌如智利小植绥螨等捕食螨可有效控制棚室等保护地田间螨虫的为害。具体方法是于作物定植后 7 ～ 10d，陆续释放智利小植绥螨等捕食螨。释放时轻摇释放瓶，将智利小植绥螨与基质混匀，旋开释放瓶盖，将智利小植绥螨连同基质均匀撒施在作物上，每次每亩释放 6 000 ～ 10 000 头，每 2 ～ 4 周释放 1 次，一般连续释放 4 ～ 6 次。应在专业人员指导下进行操作。

在智利小植绥螨释放前 2 周应做好田间病虫害发生情况调查，如果保护地内作物上害螨已经发生且为害严重，此时可结合其他病虫害的防治，使用化学杀螨剂进行一次有效防治以压低虫源基数，2周后再释放捕食螨进行防控。

在释放天敌期间，如果有其他病虫害的发生，应优先选用相应的生物、农业或物理等非化学防治措施进行防治，以尽量避免对天敌造成伤害。

6.药剂防治　关键是抓住作物易受害的敏感期及害螨发生初期施药防治。害螨发生严重的地块或地区，可于辣椒、茄子初花期进行第一次施药；在害螨发生较轻的田块或地区，可在田间初现螨害症状后施药，一般连续施药 2 ～ 3 次，施药间隔期为 7 ～ 10d。可用 10% 浏阳霉素乳油 1 500 ～ 2 000 倍液，或 2.5% 华光霉素可湿性粉剂 400 ～ 600 倍液，0.3% 苦参碱水剂 300 ～ 500 倍液，15% 嘧螨胺可溶液剂 1 500 ～ 3 000 倍液，20% 丁氟螨酯悬浮剂 2 000 ～ 2 500 倍液，20% 乙螨唑悬浮剂 6 000 ～ 8 000 倍液，20% 双甲醚乳油 1 000 ～ 1 500 倍液，5% 噻螨酮乳油 1 500 ～ 2 000 倍液，15% 哒螨酮乳油 3 000 倍液，50% 四螨嗪悬浮剂 5 000 倍液，30% 嘧螨酯悬浮剂 4 000 ～ 5 000 倍液，22.4% 螺虫乙酯悬浮剂 3 000 倍液，2.5% 高效氯氟氰菊酯乳油 2 000 ～ 3 000 倍液，20% 甲氰菊酯乳油 2 000 倍液，1.8% 阿维菌素乳油（或甲维盐）1 500 ～ 2 000 倍液，5% 氟虫脲乳油 1 000 倍液，10% 虫螨腈悬浮剂 2 000 ～ 4 000 倍液，30% 乙唑螨腈悬浮剂或 30% 螺螨酯·乙唑螨腈悬浮剂 3 000 ～ 4 000 倍液等喷雾。有些药剂仅对卵、幼螨有效（如乙螨唑等），注意交替用药或轮换用药及各药剂安全间隔期规定。

二十三、蔬菜有害软体动物

为害蔬菜的软体动物主要有同型巴蜗牛、灰巴蜗牛、野蛞蝓等，分别属于软体动物门腹足纲巴蜗牛科和蛞蝓科。同型巴蜗牛、灰巴蜗牛、野蛞蝓在我国大部分地区均有发生，尤以沿江、沿湖、滨海及南方低洼潮湿地带发生重，主要寄生于十字花科、瓜类、豆类、薯类等多种蔬菜，以及果树、棉、麻、烟、油菜、玉米、杂草等作物上。

（一）形态特征、生活习性和发生规律

1.同型巴蜗牛

（1）形态特征。成贝壳质厚，坚实，呈扁球形。壳高12mm、宽16mm，有5～6个螺层，壳顶钝，缝合线深。壳面呈黄褐色或红褐色，有稠密而细的生长线和螺纹。体螺层周缘或缝合线处常有一条暗褐色带（有些个体无）。壳口呈马蹄形。身体头部发达，有两对可翻转缩入的触角，前触角作嗅器官用，眼在后触角顶端。口位于头部腹面。足在身体腹面，跖面宽，适于爬行。个体之间形态变异较大。幼贝体型较小，形态与成贝相似。卵圆球形，直径2mm，乳白色有光泽，渐变淡黄色，近孵化时为土黄色。

同型巴蜗牛

（2）生活习性和发生规律。该虫一年繁殖1代，常与灰巴蜗牛混杂发生，以成贝和幼贝在田埂土缝、作物根部土中、石块下、枯枝落叶下及宅前屋后杂物堆下越冬。翌年3～4月开始活动取食，温室、大棚内2月中下旬即可开始为害，4～5月为田间活动为害盛期。此时，成贝开始交配产卵，卵大多产在根际疏松湿润的土中、缝隙中、枯叶或石块下。植株茂密、低洼潮湿地段受害重。夏季高温干旱时，虫体分泌黏液形成蜡状膜，将口封住，进入休眠状态，并隐藏起来。干旱季节过后即可恢复活动，继续为害秋季蔬菜等。11月份进入冬眠状态。同型巴蜗牛为雌雄同体，

异体受精，也可自体受精繁殖。每次产卵50～60粒，并成堆。卵期14～30d，土壤过干卵不能孵化。孵化后的幼贝群集为害，稍大分散活动。喜阴湿，如遇雨天，昼夜活动取食。干旱时白天潜伏，夜间活动，行动迟缓，爬行之处可留下黏液痕迹。

2.灰巴蜗牛

（1）形态特征。成贝壳质圆球形，壳高19mm、宽21mm，有5～6个螺层，壳面呈黄褐色或琥珀色，壳顶尖，壳口椭圆形，个体大小、颜色差异较大。其他形态特征与同型巴蜗牛相似。

灰巴蜗牛为害白菜　　　　　　　　灰巴蜗牛为害芹菜

（2）生活习性和发生规律。1年发生1代，或2年发生1代。以成贝或幼贝在绿草、蔬菜根部、田埂土缝、石块下越冬。常在雨后爬出为害瓜类蔬菜。灰巴蜗牛寿命一般不超过2年。生活习性等与同型巴蜗牛相似。

3.野蛞蝓

（1）形态特征。成虫体长20～25mm，身体柔软、光滑而无外壳，体表暗黑色、暗灰色、黄白色或灰红色。触角2对，暗黑色，前一对触角短约1mm，位于下边，有感觉作用；后一对触角长约4mm，位于上边。眼在后触角顶端。口腔内有角质齿舌。体背前端具外套膜，为体长的1/3，边缘卷起，其内有退化的贝壳

（即盾板），上有明显的同心圆线，即生长线。生殖孔在右触角后方约2mm处，能分泌无色黏液。卵椭圆形，韧而富有弹性，直径2 ~ 2.5mm，白色透明可见卵核，近孵化时色变深。初孵幼虫体长2 ~ 2.5mm，淡褐色，体形同成虫体。

野蛞蝓

（2）生活习性和发生规律。以成虫体或幼体在作物根部湿土下越冬。5 ~ 7月在田间大量活动为害，并交配产卵于土中，入夏气温升高，活动减弱，秋季气候凉爽后，又活动为害。在南方每年4 ~ 6月和9 ~ 11月有两个活动高峰期，在北方7 ~ 9月为害较重。完成一个世代约250d，成虫体在5 ~ 7月产卵，卵期16 ~ 17d，从孵化至成虫体性成熟约55d。成虫体产卵期可长达160d。野蛞蝓雌雄同体，异体受精，亦可同体受精繁殖。野蛞蝓怕光，强光下2 ~ 3h即死亡。因此，白天隐蔽，夜间活动为害，清晨之前又陆续潜入土中或隐蔽处。野蛞蝓喜欢阴暗潮湿的环境，当气温11.5 ~ 18.5℃，土壤含水量为20% ~ 30%时，对其生长发育最为有利。故梅雨季节，为其发生及为害盛期。

（二）为害特点

　　3种有害软体动物幼虫与成虫均以舌面上的尖锐小齿（齿舌）将叶、茎舔磨成孔洞或缺刻，或将其咬断。其爬过植物表面时，遗留下白色胶质和粪便，污染植物，并易遭菌类寄生，使幼苗腐烂死亡。除为害蔬菜等植物外，蜗牛及蛞蝓幼虫和成虫还可为害蘑菇、平菇、草菇、金针菇、银耳、黑木耳等多种食用菌，影响其产量和品质。

（三）防治技术

（1）压低虫源基数。前作收获后，及时清除田间残株败叶，铲除田间杂草，耕翻土地，晒垡、冻垡，恶化及破坏蜗牛及野蛞蝓的越冬场所，压低虫源基数。

（2）降低卵的存活率。4月下旬至6月是蜗牛产卵盛期，应抓住雨后天晴时机，及时进行田间中耕、松土及除草，可使卵暴露在土表被晒死，降低卵的存活率。

（3）食饵诱集。于傍晚用菜叶、杂草在作物行间堆成小堆引诱其取食，清晨进行捕捉。

（4）药剂防治。药剂防治可于傍晚（尤其在傍晚雨后转晴）施药，每亩可用6%四聚乙醛颗粒剂0.5～0.75kg田间均匀撒施，或先用细土5～10kg拌匀后再撒施，也可用40%四聚乙醛悬浮剂300～500倍液或80%四聚乙醛可湿性粉剂600～800倍液等进行茎叶喷雾，可有效防治十字花科蔬菜、大豆、玉米等旱田和莲藕等水生蔬菜田蜗牛和野蛞蝓的为害。在害虫繁殖旺季或盛发期，第1次用药后10d左右再施药一次，或采取撒施颗粒剂+茎叶喷雾处理相结合的防治方式效果更佳。施药时要力求均匀周到，喷雾时叶背面及中下部叶片都要着药。水田施药后田间需保留1～3cm浅水层7d左右。施药后2h内如遇大雨影响药效，需要及时补施。

第三章

蔬菜田常见杂草防除技术

　　蔬菜田杂草种类繁多，生长速度较快，不但与蔬菜争水、争肥、争光，而且还是病虫害栖息、传播、繁衍的场所，如不及时进行防除，将严重影响蔬菜的生长、产量、品质及收益。

一、蔬菜田常见杂草种类

（一）禾本科杂草

　　蔬菜田常见禾本科杂草主要有马唐、千金子、画眉草、狗尾草、狗牙根、稗草、牛筋草、白茅、看麦娘、早熟禾、虎尾草、芦苇等。

马　唐

千金子

狗尾草

稗　草

牛筋草

看麦娘

白　茅

（二）莎草科杂草

蔬菜田常见莎草科杂草主要有异型莎草、香附子、碎米莎草、水莎草、牛毛毡、扁秆莎草等。

香附子

碎米莎草

（三）阔叶杂草

蔬菜田常见阔叶杂草主要鸭舌草、鸭跖草、车前草、婆婆纳、猪殃殃、繁缕、马齿苋、蒲公英、藜、小蓟、反枝苋、萹蓄、铁苋菜等。

鸭跖草

车前草　　　　　　　　　　　　　猪殃殃

繁　缕　　　　　　　　　　　　　马齿苋

二、蔬菜田常见杂草防除技术

（一）农业防治技术

1.合理轮作　一般要求在不同科蔬菜之间实行一定年限的轮作，若能实行水旱轮作，则对减轻草害的效果更为明显。

2.选种去杂　播种前，应采取筛选、风选、盐水选等相应去杂措施，将混杂在蔬菜种子中的各种杂草种子清除掉。

3.清洁田园 蔬菜播栽前，应精细整地，清除田间及田边杂草包括杂草的残枝残根；蔬菜生长期间及时中耕除草；蔬菜收获后，应及时清除田间的残枝落叶，进行耕翻。

4.合理施肥 杂草种子常混杂于畜禽粪便、秸秆、绿肥等作物残体中，可通过制作高温堆肥，充分腐熟杀灭杂草种子。

5.合理密植 合理密植，加速蔬菜植株封行，利用作物自身生长优势以控制杂草生长。

（二）物理防治技术

1.秸秆覆盖栽培 秸秆覆盖对旱地蔬菜具有显著的增肥、改土、保墒、调温、压草等作用，可有效协调耕地土壤水、肥、气、温状况，改善作物的生态环境，并能有效控制杂草为害。覆盖方法：直播蔬菜如大蒜、豆类等于播种后出苗前，均匀铺盖于耕地土壤表面；移栽蔬菜如瓜类等，可先覆盖后移栽，也可在移栽后于植株的行间或株间再覆盖秸秆。可用于覆盖的秸秆包括豆秆、稻草、玉米秸、麦秆等，用量一般以每亩200kg左右为宜，以"地不露白，草不成坨"为标准，同时每亩施用5～8kg尿素，调节碳氮比，减少微生物与作物之间的争氮现象。

2.地膜覆盖栽培 采用地膜覆盖栽培，尤其是采用黑色地膜覆盖栽培，可有效抑制杂草，特别是作物生长前期杂草的为害。为了提高防治效果，在铺设地膜前，应尽量将地整平，将表土整细，铺设地膜时应将地膜四边压严压实，幼苗出土或移栽后，注意将植株苗穴周围的地膜压入土中。

3.机械割除 可利用一些合适的割草机具进行割除。

（三）化学防除技术

化学除草技术已成为蔬菜生产中防除杂草最为行之有效的方

法。但由于蔬菜品种多，种植密度大，生长周期短，复种指数高，茬口衔接复杂，各地的气候、土质、耕种方式等又不尽相同，加上蔬菜对除草剂的选择性强等因素，如果菜田化除技术使用不当，就容易对当茬以及后茬蔬菜造成药害，甚至绝收。为此，适合蔬菜田使用的除草剂一般要符合以下要求：①选择性强，对多种蔬菜安全；②广谱性好，能兼治多种杂草；③降解速度快，除草剂使用后，一方面要求在蔬菜中的残留量极少甚至无残留；另一方面要求在土壤中易分解，持效期和残留期短，对间作或套种的蔬菜或其他作物，以及后茬作物安全。同时，针对不同类型蔬菜田杂草的发生及为害，必须在充分运用农业防治、物理防治等技术的基础上，科学、合理地使用除草剂进行化学除草，才可达到既安全除草，又省工节本、增产增收的目的。

蔬菜田所用除草剂品种及类型较多，为了使用上的方便，并根据除草剂的一些特性、特点，一般分为以下几种类型，如按除草剂的杀草谱范围可分为非选择性除草剂（如草甘膦）和选择性除草剂；如按施药部位或施药方法可分为土壤处理剂（如二甲戊乐灵、氟乐灵、甲草胺、乙草胺等）、茎叶处理剂（如草甘膦、吡氟禾草灵、烯禾啶等）及土壤处理兼茎叶处理剂（如除草醚、莠去津、利谷隆等）；如按作用方式可分为以触杀作用为主的触杀型除草剂（草铵膦）和可通过茎叶吸收后内吸传导型除草剂（草甘膦），等等。为此，根据除草剂的作用机理和蔬菜、杂草的种类及生长习性，化学除草一般掌握在作物播栽之前、播后苗前和移栽后（作物生长期间）三个时段进行。

1.百合科蔬菜田杂草的化学防除　百合科蔬菜主要有洋葱、大葱、大蒜、韭菜、芦笋等。

（1）播后苗前土壤处理。

①直播韭菜。每亩可用33%二甲戊乐灵（施田补）乳油200～

250mL（残效期40～50d，对韭菜安全，效果好），或48%地乐胺（仲丁灵）乳油200mL（残效期30d左右），50%扑草净可湿性粉剂75～100g，50%异丙隆可湿性粉剂150～200g，25%除草醚可湿性粉剂400～500g，50%利谷隆可湿性粉剂70～100g，50%乙草胺乳油80～100mL，43%甲草胺（拉索）乳油150～200mL，兑水40～50kg，于播后苗前进行土壤喷雾。使用地乐胺（仲丁灵）除草剂后的田块须浅混土1～5cm。若在播后苗前已有杂草出土时，也可用20%草铵膦水剂每亩250～300mL与上述药剂混喷，进行茎叶兼土壤处理。

②直播小葱。每亩可用33%二甲戊乐灵（施田补）乳油100～150mL，兑水40～50kg，于播后苗前进行土壤喷雾。

③育苗洋葱、大葱。于播种后出苗前，每亩可用33%二甲戊乐灵（施田补）乳油200～250mL，或50%扑草净可湿性粉剂75～100g，50%异丙隆可湿性粉剂150～200g，兑水40～50kg，进行土壤喷雾，沙性土壤，药量需减半使用。

④大蒜。栽种后出苗前，每亩可用48%氟乐灵乳油100～150mL，或48%地乐安（仲丁灵）乳油200～250mL，33%二甲戊乐灵（施田补）乳油200～250mL，50%敌草胺可湿性粉剂100g，兑水40～50kg进行土壤喷雾。前两种药剂施药后须浅混土1～5cm，但不能伤及蒜种。

（2）移栽前土壤处理。

①洋葱移栽前。每亩可用48%氟乐灵乳油100～150mL，或48%地乐胺（仲丁灵）乳油200～250mL，33%二甲戊乐灵（施田补）乳油200～250mL，50%敌草胺可湿性粉剂100～150g，兑水40～50kg进行土壤喷雾。前两种药剂施药后须及时浅混土1～5cm，然后移栽。

②大葱移栽前。每亩可用33%二甲戊乐灵（施田补）乳油200～

250mL，或50%扑草净可湿性粉剂75～100g，50%异丙隆可湿性粉剂150～200g，兑水40～50kg进行土壤喷雾，然后移栽。

（3）苗后或移栽后土壤处理。

①韭菜出苗20～30d后，前期所使用除草剂的残效已过，田间杂草又开始陆续出土生长，此期间必须进行二次化学除草。每亩可用33%二甲戊乐灵（施田补）乳油125mL，或48%地乐胺（仲丁灵）乳油200mL，兑水40～50kg进行土壤喷雾，主要是抑制杂草的发芽和出苗，对已出土的杂草无效，必要时可在施药前进行一次人工除草。

②大蒜播后至立针期或大蒜2叶1心至4叶1心期，每亩可用48%甲草胺（拉索）乳油200mL，或72%异丙甲草胺（都尔）乳油90～100mL，50%敌草胺可湿性粉剂100～150g，24%乙氧氟草醚（果尔）乳油60～100mL，兑水40～50kg进行土壤喷雾。最佳用药期为大蒜立针期，此时大部分杂草已出苗，少数杂草进入2叶期，对禾本科杂草、莎草和阔叶草混生的蒜田除草效果较好，一次用药，基本可控制全田草害。果尔用后蒜叶会出现褐色或白色的斑点，5～7d后即可恢复。

③洋葱、大葱移栽后，每亩可用48%氟乐灵乳油100～150mL，或50%敌草胺可湿性粉剂100～150g，兑水40～50kg进行定向土壤喷雾。前者施药后须及时混土。

（4）苗后或移栽后茎叶处理。对未使用过除草剂的田块，或第一次使用后除草效果不理想且禾本科杂草较多的田块，于杂草3～5叶期，每亩可用10.8%高效氟吡甲禾灵乳油40～60mL，或10%精喹禾灵乳油40～60mL，兑水40～50kg进行杂草茎叶喷雾处理。

老根韭菜在贴地收割、伤口愈合后（5d），每亩可用15%精吡氟禾草灵（精稳杀得）乳油50～60mL，兑水40～50kg均匀喷雾防治以禾本科为主的杂草。阔叶杂草或恶性杂草较多的田块，每亩可用20%氟草定（使它隆）乳油50mL，兑水50kg，并添加药液量0.2%的中性洗衣粉，于阔叶杂草3～5叶期进行茎叶喷雾，对猪殃殃、空心莲子草、凹头苋、铁苋菜、马齿苋等防效显著，对多年生恶性杂草田旋花也有较好的防效，且对韭菜安全，无药害。

2.葫芦科蔬菜田杂草的化学防除　葫芦科蔬菜主要有黄瓜、冬瓜、菜瓜、西葫芦、南瓜、丝瓜、节瓜、苦瓜等，其中以黄瓜种植面积最大。

（1）播后苗前土壤处理。直播黄瓜、冬瓜、南瓜、西葫芦等一般在播后苗前，每亩可用48%地乐胺（仲丁灵）乳油200mL，或20%敌草胺乳油200mL，72%异丙甲草胺乳油90～100mL，33%二甲戊乐灵（施田补）乳油80～120mL（二甲戊乐灵对黄瓜有一定药害，但能恢复），兑水40～50kg进行土壤均匀喷雾。

（2）移栽前土壤处理。每亩可用48%氟乐灵乳油100～120mL，或48%地乐胺（仲丁灵）乳油200mL，兑水60～75kg均匀喷施畦面，随后立即整地，将药液与土壤混合，防止药剂挥发、光解，然后移栽。

（3）移栽缓苗后除草。移栽缓苗后、杂草刚萌发时，每亩可用48%氟乐灵乳油150mL，或48%甲草胺（拉索）乳油200mL，50%扑草净可湿性粉剂150g，兑水40～50kg进行定向土壤喷雾，避免药液飘浮到叶片和生长点上，要在无风时向沟边和畦面空隙处施药。对于前期防除效果差、田间禾本科杂草较多的田块，每亩可用10.8%高效氟吡甲禾灵乳油40～60mL，或10%精喹禾灵乳油40～60mL，兑水40～50kg，定向于杂草茎叶喷雾防治。

3.茄科蔬菜田杂草的化学防除　茄科蔬菜主要有茄子、辣椒、番茄和马铃薯等。一般在苗床育苗阶段不使用除草剂，主要在移栽后和直播田采用化学除草。

（1）播前土壤处理。辣椒直播田每亩可用48%甲草胺（拉索）

乳油200mL，或72％异丙甲草胺乳油100～150mL，兑水40～50kg，均匀喷施于土表。施后须浅混土。

（2）播后苗前土壤处理。辣椒直播田每亩可用50％敌草胺可湿性粉剂100～270g，兑水40～50kg，于播后苗前均匀喷施于土表。马铃薯田播后苗前，每亩可用50％利谷隆可湿性粉剂100g，或48％甲草胺（拉索）乳油150～200mL，50％乙草胺乳油80～120mL，20％敌草胺乳油200～300mL，60％丁草胺乳油100～150mL，兑水40～50kg，均匀喷施于土表。

（3）移栽前土壤处理。茄子、辣椒、番茄移栽田，每亩可用48％氟乐灵乳油100～150mL，或48％地乐胺（仲丁灵）乳油200～300mL，48％甲草胺（拉索）乳油200mL，33％二甲戊乐灵乳油100～200mL，72％异丙甲草胺乳油100mL，50％敌草胺可湿性粉剂100～200g，兑水60～75kg均匀喷施于土表。前3种药剂施后须浅混土，然后移栽。

（4）茎叶处理。有禾本科杂草集中发生时，于杂草3～4叶期，每亩可用10％精喹禾灵乳油40～60mL，或15％吡氟禾草灵乳油75～100mL，10.8％高效氟吡甲禾灵乳油30～40mL，24％烯草酮乳油30～60mL，兑水40～50kg，定向于杂草茎叶喷雾。

地膜覆盖移栽田，通常在覆膜前以药液喷雾法进行土壤处理。施药方法同上，且用药量可适当减少。此法也适合棚室地膜覆盖移栽。

4.豆科蔬菜田杂草的化学防除　豆科蔬菜主要有菜豆、豇豆、扁豆、豌豆、蚕豆、毛豆（大豆）等。由于豆科蔬菜大多数种子粒型较大，对除草剂的耐性较强，因而适用的除草剂种类也较多。

（1）播前土壤处理。菜豆、豇豆、蚕豆、豌豆等豆科菜田着重在播前进行化学除草。一般在播前1周左右，每亩用48％甲草胺（拉索）乳油250～350mL，或48％氟乐灵乳油100～150mL，48％

地乐胺（仲丁灵）乳油200mL，兑水60～75kg喷施于土表，施药后须浅混土。

（2）播后苗前土壤处理。菜豆、豇豆、蚕豆、豌豆等在播后苗前，每亩可用20%敌草胺乳油200mL，兑水60～75kg喷施于土表。高温季节，宜在傍晚浇水后施药。

（3）苗后茎叶处理。禾本科杂草集中发生时，通常在杂草2～4叶期，每亩可用10%精喹禾灵乳油40～60mL，或15%吡氟禾草灵乳油75～100mL，10.8%高效氟吡甲禾灵乳油30～40mL，24%烯草酮乳油30～60mL，兑水40～50kg定向喷施于杂草茎叶。

5.伞形花科蔬菜田杂草的化学防除　伞形花科蔬菜主要有胡萝卜、芹菜、芫荽（香菜）和茴香等。这类蔬菜对除草剂比较敏感，敌草胺在此类蔬菜上严禁使用。

（1）播栽前土壤处理。胡萝卜、芫荽等播种前，芹菜于播种前或移栽前，每亩可用48%氟乐灵乳油100～150mL，或48%地乐胺（仲丁灵）乳油200～250mL，兑水40～50kg，均匀喷施于土表，并浅混土1～5cm，然后再播种或移栽。

（2）播后苗前土壤处理。芹菜直播后出苗前，每亩可用33%二甲戊乐灵乳油75mL，兑水40～50kg均匀喷施于土表。

（3）移栽后土壤处理。每亩可用48%甲草胺（拉索）乳油200mL，或72%异丙甲草胺乳油100mL，33%二甲戊乐灵乳油100～200mL，50%敌草胺可湿性粉剂100～200g，兑水50～60kg定向喷施于土表。前2种药剂施后须浅混土。

（4）苗后茎叶处理。禾本科杂草集中发生时，通常在杂草2～4叶期，每亩可用10%精喹禾灵乳油40～60mL，或15%吡氟禾草灵乳油75～100mL，10.8%高效氟吡甲禾灵乳油30～40mL，24%烯草酮乳油30～60mL，兑水40～50kg定向喷施于杂草茎叶。

6.十字花科蔬菜田杂草的化学防除　十字花科蔬菜主要有白

菜、萝卜、油菜、菜薹（菜心）、芥菜、甘蓝、花椰菜、苤蓝等，这类蔬菜在全国种植最为广泛。

（1）播前土壤处理。大白菜、萝卜在播种前3～5d，小白菜、芥菜、油菜在播种前7d，花椰菜、雪里蕻在播种前10～14d，每亩可用48%氟乐灵乳油100～150mL，或48%甲草胺（拉索）乳油150～200mL，48%地乐胺（仲丁灵）乳油200～250mL，72%异丙甲草胺乳油90～100mL，兑水40～50kg，均匀喷施于土表，施药后须浅混土1～5cm。

（2）播后苗前土壤处理。因十字花科蔬菜种子发芽速度快，施药必须在播种之后立即进行，通常以喷雾法将药剂喷施于土表。每亩可用48%氟乐灵乳油75～100mL，兑水40～50kg，均匀喷施于土表。

（3）移栽前土壤处理。大白菜、甘蓝、花椰花在整地后移栽前，每亩可用48%氟乐灵乳油100～120mL，或48%地乐胺（仲丁灵）乳油200mL，33%二甲戊乐灵乳油100mL，50%敌草胺可湿性粉剂100～200g，72%异丙甲草胺乳油100mL，兑水60～75kg，均匀喷洒地面。前2种药剂施药后须浅混土，然后移栽。

（4）移栽后土壤处理。在移栽缓苗后，可用氟乐灵、二甲戊乐灵、敌草胺、异丙甲草胺等以喷雾法定向喷施于土表，其用量、用法同移栽前处理。

（5）苗后或移栽后茎叶处理。禾本科杂草集中发生时，通常在杂草2～4叶期，每亩用10%精喹禾灵乳油40～60mL，或15%吡氟禾草灵乳油75～100mL，10.8%高效氟吡甲禾灵乳油30～40mL，24%烯草酮乳油30～60mL，兑水40～50kg，定向喷施于杂草茎叶。

7.菊科蔬菜田杂草的化学防除　菊科蔬菜常见的有茼蒿、莴苣（生菜）、莴笋等。

（1）播后苗前土壤处理。茼蒿直播田，每亩可用33％二甲戊乐灵乳油75～100mL，或20％敌草胺乳油100～150mL，72％异丙甲草胺乳油75～100mL，兑水40～50kg，均匀喷施于土表，可有效防治多种一年生禾本科杂草和部分阔叶杂草。

注意事项：茼蒿种子较小，应在播种后浅混土或覆薄土。药量过大、田间过湿，特别是遇到持续低温、多雨天气，会影响其发芽、出苗。

（2）移栽前或移栽后土壤处理。莴笋移栽前或移栽缓苗后，每亩可用33％二甲戊乐灵乳油100mL，或48％氟乐灵乳油100mL，兑水40～50kg，定向喷施于土表，施后随即浅混土。

（3）苗后茎叶处理。对于前期未能采取化学除草或化学除草效果不理想、禾本科杂草较多的茼蒿田，应在田间杂草基本出苗且杂草处于幼苗期时及时施药防治。每亩可用10％精喹禾灵乳油40～60mL，或10.8％高效氟吡甲禾灵乳油20～40mL，15％精吡氟禾草灵乳油40～60mL，12.5％烯禾啶乳油50～75mL，24％烯草酮乳油20～40mL，兑水40～50kg均匀喷施，可有效防治多种禾本科杂草。该类药剂没有封闭除草效果，施药不宜过早，应在禾本科杂草3～5叶期施药。

8.藜科蔬菜田杂草的化学防除　藜科蔬菜最常见的为菠菜。

（1）播后苗前土壤处理。菠菜田每亩可用33％二甲戊乐灵乳油80～100mL，或48％地乐胺（仲丁灵）乳油150～200mL，兑水40～50kg，均匀喷施于土表。后者施药后须浅混土。

（2）越冬宿根菠菜田土壤处理。越冬宿根菠菜在春季返青长到10cm高之后，每亩可用48％氟乐灵乳油100mL，兑水40～50kg，定向喷施于土表，随后结合中耕混土。

注意事项：需待宿根菠菜返青长到10cm高之后方可施用氟乐灵，当年播种的小菠菜和刚发芽的宿根菠菜都不能进行此处理。

9.苋科蔬菜田杂草的化学防除　苋科蔬菜主要为苋菜。苋菜田以夏季杂草为害为主，可使用以下除草剂防除。

（1）播后苗前土壤处理。每亩用33%除草通乳油90～130mL，兑水60L，于苋菜播后苗前喷雾，可防除一年生单子叶、双子叶杂草。播后尽早喷药，以免苋菜出苗时用药产生药害。沙土用药要减量。

（2）播种前土壤处理。每亩用48%氟乐灵乳油120～150mL，加水50L，于苋菜播种前喷雾，可防除一年生禾本科杂草。药后要及时混土，尽量缩短喷药至混土的时间。沙土用药要减量。

10.水生蔬菜田杂草的化学防除　水生蔬菜主要有莲藕、茭白、慈姑、荸荠、水芹、菱角等。水生蔬菜要防除杂草的对象多为水生和湿生杂草，因此，应用的除草剂也要适于有水条件。

（1）莲藕田杂草防除。莲藕田一般在栽后7～10d进行。每亩可用50%扑草净可湿性粉剂40～50g，或25%除草醚可湿性粉剂500～750g，60%丁草胺乳油75～100mL，12.5%恶草灵乳油150～250mL，10%苄嘧磺隆可湿性粉剂15～20g，以药土法或药肥法将药剂均匀撒于田中。施药时田面应保有3～5cm水层5～7d，然后转于正常管理。莲藕田施药时要求气温升至25℃以上，或水温稳定在20℃左右，早春水温低于20℃和阴雨天气不可施药。

（2）茭白田杂草防除。茭白田可在移栽后3～6d活棵后或宿生茭白越冬返青后进行，每亩可用60%丁草胺乳油75～100mL，或10%苄嘧磺隆可湿性粉剂15～30g，10%吡嘧磺隆可湿性粉剂10～25g，20%苄·乙·甲可湿性粉剂30～45g，20%丁·恶乳油150～250mL，拌细土20kg撒施。施药时田面应保有3～5cm水层5～7d，然后转于正常管理。

其他水生蔬菜田如慈姑、荸荠、水芹、菱角等田块的化学除草可参照莲藕田进行。

11.蔬菜休闲田及水渠、田埂等杂草的化学防除　对蔬菜休闲田、换茬免耕田，以及菜地沟渠、田埂、路边等的地面杂草，每亩可用灭生性除草剂20%草铵膦水剂300～400mL或41%草甘膦异丙胺盐水剂200～300mL，兑水50kg喷雾，对一年生及多年生杂草有很好的防除效果。草铵膦以触杀性为主，速效性好于草甘膦，只对杂草地上部有防除效果，不损伤杂草的根部。草甘膦施用后能很快被杂草绿色部分吸收，并在杂草体内输导，使地下根茎失去再生能力，致使杂草死亡，该药对多年生杂草地下根茎的破坏力较强，但施药后杂草死亡速度较慢。

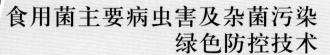

第四章
食用菌主要病虫害及杂菌污染
绿色防控技术

一、蘑菇褐腐病

褐腐病也叫疣孢霉病、湿泡病、白腐病、菇癌等，是蘑菇最主要的病害，菇蕾期或幼菇形成期最易发生，秋菇出菇期遇高温，极易爆发成灾，严重时颗粒无收。褐腐病菌主要侵染蘑菇，但平菇、香菇、草菇、灵芝、银耳等食用菌也偶有发病。

（一）病害症状

初期在菇床上生出零星绒毛状白色菌丝团，与蘑菇菌丝和菇蕾交织生长形成瘤状菌团，外形如马勃状，一般较正常出菇提早3～4d长出，并在菇床培养料面上扩展。子实体发病，菌盖偏小、菌柄偏大，成畸形菇，有时在菌柄和菌盖上也产生绒毛状菌丝。后期菇体变软，呈褐色湿腐状，并有橙褐色的清液流出，常伴有恶臭味。

（二）发生规律

病原菌为菌盖疣孢霉，属半知菌亚门疣孢霉属真菌，主要来源于受污染的覆土，随带菌覆土进入菇房，病菌孢子也可在菇房存活，或由废料携带进入菇房，形成初侵染。发病后，病菇上产生的厚垣孢子和分生孢子主要通过溅水或菇床水分流失蔓延，还

菇床初期症状

菇床中期症状

受害子实体初期症状

病菇渗出的黄色汁液

可通过采菇人员的手、工具、工作服等接触传播。菇蝇等害虫为害也可传带病菌。病菌对环境的适应性较强，厚垣孢子在干燥土壤中可存活1年以上，可在水稻田、蔗田、菜地中越夏。病菌生长的温度为12 ~ 32℃，菌丝生长和孢子形成的最适温度为25℃。土壤和堆肥中的孢子不耐高温，55℃经4h，或60℃经2h就会死亡。

（三）防治技术

（1）清洁取土。从未施用蘑菇废料的地区取土，以减少覆土带菌的概率。

（2）培养料二次发酵。将培养料保持50～52℃持续4～6d，以杀灭培养料中的病菌孢子。

（3）覆土消毒。覆土材料可预先置于阳光下曝晒杀死部分病菌孢子，再用巴斯德灭菌法（60℃）处理1h，或将覆土堆成垄状，覆上塑料薄膜，通入热蒸气，保持土温60～65℃ 3～4h，或在覆土上床前，每立方米覆土可用36%福尔马林1L加水10kg喷洒，然后用塑料膜密闭熏蒸36h以上再使用，或用50%多菌灵可湿粉剂或70%托布津可湿粉剂500～600倍液，45%噻菌灵（特克多）悬浮剂800～1 000倍液喷洒覆土。也可在覆土后1～5d内喷一次以上药液，菌丝爬至土表面时再施药一次。

（4）适期播种。掌握适当的播种时期，以控制菇房温度在15℃以下，使出菇期避开25℃以上高温。

（5）加强菇床管理，及时防治病虫。病害发生初期加强菇房通风，及时清除病菇，停止喷水，保持床面干燥，也可在病菇床面上撒些盐控制病害扩展蔓延，待气温降至10℃左右时再正常喷水。发病区域可用1%～2%福尔马林溶液，50%多菌灵可湿性粉剂或70%托布津可湿性粉剂500～600倍液，45%噻菌灵（特克多）悬浮剂800倍液，75%百菌清可湿性粉剂600～800倍液喷洒。发病严重时须去掉原有覆土，更换新土。采菇人员及管理人员所用工具及物品需用4%福尔马林溶液消毒灭菌。菇房门窗可覆细眼纱网隔离，定期用0.5%敌敌畏喷洒菇房走道、地面、墙壁及周围环境，做好及保持菇房的清洁卫生，及时防治害螨、菇蝇、菇蚊等害虫。

（6）妥善处理废弃物。妥善处理病菇、烂菇及其他废弃物，及时烧毁或深埋。

二、蘑菇褐斑病

蘑菇褐斑病又称轮枝霉病、干泡病、干腐病，为食用菌的主要病害，主要为害蘑菇，也为害平菇、草菇、银耳等，为害严重。

（一）病害症状

此病在蘑菇全生育期都可发生，表现症状各异。菇蕾形成初期感病，菇蕾生长发育受阻，形成一团未分化灰白色组织块，直径可达2~2.5mm，与褐腐病相比，病菇质地紧密干燥，不腐烂。菌盖、菌柄分化期染病，菌盖朵形不完整，菌柄基部变褐增粗，菌盖歪斜，表面组织起皮翘起，病菇上可产生一层细细的灰白色菌丝，以后病菇干燥变褐，不腐烂。子实体分化较完全阶段感病，菌盖顶部长出丘疹状小凸起，或在菌盖表面产生浅褐色近圆形病斑，以后逐渐扩大形成不规则形大斑，中央凹陷，空气潮湿时长出灰白色霉状物，即病菌子实体。纵切病菇，内部组织干燥，呈黄褐色皮革状，有弹性，不分泌褐色汁液，也不散发恶臭气味而区别于湿泡病。轮枝霉菌喜热变种侵害蘑菇一般不造成畸形菇，常在菌盖

病菇上不定型浅褐色病斑

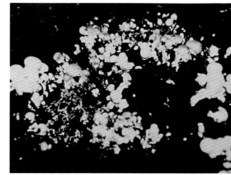

菇床受褐斑病菌为害状

产生黄褐至暗褐色不定型病斑，边缘不清晰。严重时菌盖上病斑密布，病斑上可产生白色粉尘状霉层，后期病菇呈暗褐色。

（二）发生规律

病原菌为菌生轮枝霉（包括菌生轮枝霉喜热变种）、菌褶轮枝霉和蘑菇轮枝霉，广泛存在于自然界土壤、有机物内，休眠菌丝可以存活较长时间。带菌覆土是引起发病的初侵染源，菇房带菌也可引起侵染。发病后，病菇上产生的分生孢子常被黏液包着，可黏附在与之接触的任何物体上传播扩散，形成再侵染。病菌也可随喷水扩散。蘑菇菌丝和发育中的子实体可刺激病菌孢子萌发，后沿蘑菇菌丝束生长，接近菇蕾时即形成侵染。病菌喜高温高湿条件，20℃以上，相对湿度90%～95%极易发病。20℃条件下，从感病到出现畸形菇症状约10d，菌盖出现病斑只需3～4d。夏秋季高温，覆土太湿，空气湿度大，此病极易暴发成灾。

（三）防治技术

（1）培养料二次发酵。将培养料保持50～52℃持续4～6d，利用生物热杀死培养料中的病菌。

（2）覆土消毒。覆土材料可用70～75℃蒸汽消毒30min。

（3）加强菇床管理，及时防治病虫。菇房保持低温低湿，出菇期温度14℃，相对湿度80%～85%，可控制发病。生长期间做好害虫的防治工作，及时防治害螨、菇蝇、菇蚊等害虫，以防其带菌传播。发病后，加强菇房通风，及时清除病菇，并集中处理，停止喷水，保持床面干燥；发病菇床可撒些食盐或用2%福尔马林溶液作局部处理，以控制病害扩展蔓延。采菇人员及管理人员所用工具及物品需用2%福尔马林溶液或1%漂白粉液消毒灭菌。搞好菇房及周围环境清洁卫生，生产结束，对菇房、菇床及一切用具用福尔马林液或漂白粉液进行彻底消毒。

三、蘑菇菌盖斑点病

蘑菇菌盖斑点病又称丝枝霉病、褐斑病等，为蘑菇重要病害，也为害平菇、香菇、猴头菇等子实体。发生严重时可严重影响食用菌的生产。

（一）病害症状

蘑菇染病主要在菌盖上产生淡褐色至暗褐色近圆形、稍凹陷病斑，边缘不明显，菌肉组织溃烂。早期发病，子实体发育不良，颜色灰白，幼菇受感染后成"洋葱菇"；中期发病，有时病斑上出现裂纹，质地较干。病部不流水滴，无难闻气味。空气潮湿时，斑面上产生灰白色霉状物，即病菌分生孢子梗及分生孢子。

病菇初期症状

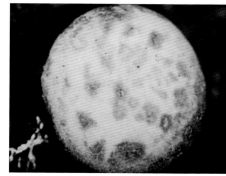

病菇后期症状

（二）发生规律

病原菌为半知菌蛛网丝枝霉中国变种和白丝枝霉。自然条件下主要存在于稻田土壤中，随带菌覆土进入菇房，形成初侵染。

发病后病菇产生的分生孢子，通过气流或人工喷水传播蔓延，进行重复侵染。

（三）防治技术

防治方法参见蘑菇褐斑病。

四、蘑菇镰孢霉病

镰孢霉病又称猝倒病、枯萎病、萎缩病等。主要为害蘑菇、平菇、银耳等食用菌的子实体，也是食用菌菌种生产中常见的杂菌，一定程度上影响食用菌的生产。

（一）病害症状

该菌主要侵染菇柄，病菇菇柄髓部萎缩变褐。患病的子实体生长变缓，初期软绵呈失水状，菇柄由外向内变褐，以后停止生长，整菇变褐成为"僵菇"，或整个菇体变褐干腐，一般不腐烂。空气潮湿，蘑菇菌柄基部可产生白色菌丝和粉红色霉状物，即病菌分生孢子梗和分生孢子。

蘑菇镰孢霉病引起"僵菇"

蘑菇镰孢霉病引起褐色干腐症状

（二）发生规律

病原菌为半知菌茄腐皮镰孢菌、尖孢镰孢菌及砖红广镰孢菌。其广泛存在于土壤、作物秸秆等植株病残体上，病菌孢子萌发最适温度为25～30℃，腐生性很强，兼性寄生。可随培养料和覆土进入菇房形成初次侵染。发病后病菇产生的分生孢子通过气流或人工喷水传播蔓延，进行重复侵染。菇房通风不良，覆土过厚过湿，易引发该病的发生。

（三）防治技术

防治方法参见蘑菇褐腐病。

五、蘑菇绿霉病

绿霉病又称木霉病，为菌种生产及袋料栽培食用菌的重要病害。也可为害各种食用菌的子实体，常寄生在蘑菇、香菇、银耳、黑木耳、草菇等子实体上，产生毒素使子实体腐烂，显著影响食用菌产量和品质。

（一）病害症状

蘑菇染病后，先在菌柄一侧出现浅褐色水渍状病斑，逐渐扩展到菌盖。菌盖受侵染，上生小的不定型浅褐色病斑，边缘模糊，以后逐渐扩大，颜色加深，病斑上生灰白色霉层，病斑部位明显腐烂。严重时菌盖上病斑密布，以后整个子实体被病菌菌丝包裹，菌丝体白色，后病菌菌丝产生分生孢子，颜色由白变成浅绿，最终导致整个子实体腐烂。

病菇菌柄发病初期症状　　　　　　　　病菇菌盖发病初期症状

（二）发生规律

病原菌为半知菌绿色木霉及康氏木霉。其广泛存在于土壤和有机质中，分解纤维素能力较强，在富含木质纤维素的基质上极易发生。病菌主要靠分生孢子通过气流或人工喷水、昆虫、螨类传播扩散，进行重复侵染。病菌喜高温、高湿和偏酸的环境，适宜生长温度为22～26℃，适宜pH为6以下。通常夏秋季种植蘑菇发病较重。菇房通风不良，覆土过厚过湿，易引发该病的发生。

（三）防治技术

注意对接种箱、接种室、菇房及有关用具的彻底消毒灭菌，加强菇房通风降湿等管理工作。感染初期，可用1%甲帕霉素（克霉灵）药液，或0.5%多·福·溴菌（多丰农）药液，0.1%咪鲜胺锰盐药液，0.1%异菌脲药液，2%福尔马林液注射或涂抹。也可用10%漂白粉溶液局部涂抹。菇床培养料发生木霉时，可直接在污染料面上撒薄层石灰粉，控制病菌扩展蔓延。必要时可用克霉灵、多丰农、咪鲜胺锰盐等杀菌剂拌料。

六、平菇青霉病

青霉病又称平菇绿霉病，为平菇常见病害，分布较广。既是袋料栽培的污染菌，又是侵染蘑菇、香菇、猴头菇、草菇、金针菇、杏孢菇等子实体的重要病害。一般零星发病，严重时显著影响食用菌的产量和品质。

（一）病害症状

主要为害子实体，病菌多侵染生长较弱的子实体、幼菇或残留菇根、菇桩等。幼菇发病多从顶端开始侵染，向下发展，呈黄褐色枯萎，生长停止，病部表面产生灰绿色粉状霉层。霉层下面组织腐烂，并向邻近扩展蔓延，引起健菇菌柄基部呈黄褐色腐烂，由基部向上发展。

平菇青霉病

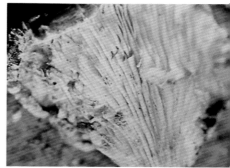
病菇菌褶发病症状

（二）发生规律

病原菌为半知菌类的青霉菌，为弱寄生菌，可寄生或腐生于多种有机质上，生长健壮的子实体一般不易受侵染。只有当培养料酸性过强，含水量低，空气干燥，以及菇蕾丛生、水分供应不足，生长衰弱的情况下，或菇床上残留有菇根、菇桩，有利于发病。

（三）防治技术

（1）拌料时加入干料重1%的生石灰，控制培养料适宜的含水量及酸碱度。

（2）采完第一潮菇后喷洒2%石灰水上清液，使培养基保持弱碱性。

（3）及时清除床面衰弱的幼菇和采收后残留在菇床上的菇根，预防病害发生蔓延。

（4）发病初期可喷洒50%异菌脲可湿性粉剂1 500倍液，或50%咪鲜胺乳油或咪鲜胺锰盐可湿性粉剂1 500倍液，40%多·福·溴菌腈可湿性粉剂800倍液进行防治。

七、平菇软腐病

平菇软腐病又称毛霉病，为平菇主要病害。该病分布较广，主要为害平菇，多在阳畦和温室栽培平菇时发生，一定程度影响平菇产量和质量。

（一）病害症状

病菌一般从基部开始侵染，逐渐向上发展。也可从菌盖开始发生，发病子实体呈淡黄褐色水渍状软腐，表面黏滑，一般无恶臭气味。病菇菌丝在喷水后不易看到。

（二）发生规律

病原菌属接合菌类的高大毛霉菌，其可在多种有机质中存活，

病菇前期症状

病菇中后期症状

空气中到处都可飘浮着病菌的孢囊孢子，沉落到菇房床面只要有一定的温湿度即可萌发产生菌丝进行初次侵染。菇房通风不良，高温、高湿，子实体成熟后未及时采收，或喷水过多，均有利于该病害的发生。

（三）防治技术

加强菇房通风，防止高温、高湿和床面渍水。子实体成熟后及时采收，及时防治菇蝇、菇蚊和螨类等害虫。

八、平菇指孢霉病

平菇指孢霉病为平菇常见病害，各地均有零星发生。一般在发菌期为害，也可侵染子实体。严重时显著影响平菇的产量和品质。

（一）病害症状

早期发病，在培养料面上产生棉絮状的菌丝层，抑制平菇子实体的形成。子实体形成后染病，多侵害菌柄基部，病菇生长缓慢或停止生长，颜色逐渐变深。随病情发展，病菇呈黄褐色坏死

病菇初期症状　　　　　　　　　　　病菇后期症状

腐烂。病菌的絮状菌丝可向上扩展到整个子实体，其表面可产生较厚的灰白色霉层，即病菌的分生孢子梗和分生孢子。

（二）发生规律

病原菌属半知菌类的枝孢霉菌，生活于土壤中，尤其是在富含有机质的土壤中菌源较多。病菌随培养料及覆土进入菇床进行初次侵染，发病后病部产生的分生孢子进行重复侵染。高温、高湿有利于该病的发生。

（三）防治技术

可用5%福尔马林液熏蒸处理菇床覆土。拌料时应使用洁净的自然水或自来水。床面出现白色菌被后及时扒掉菌被，加强菇床通风，并停止喷水1～2d，防止高温、高湿。

九、金针菇基腐病

金针菇基腐病又称拟青霉病、蓝霉病、灰霉病等，为金针菇常见病害，分布较广，为害较普遍。一般轻度发病，一定程度影响金针菇生产；严重时造成大批死菇，显著影响金针菇的产量和品质。

（一）病害症状

主要为害金针菇子实体。病菌由菌柄基部侵入，发病后菌柄基部呈黑褐色腐烂，致子实体成丛倒伏。幼菇丛发病后虽不倒伏，但其生长发育受阻，严重时针状幼菇成丛变黑腐烂。

病菇中后期症状

（二）发生规律

该病病原菌属半知菌类的拟青霉菌，生活于土壤及有机质中，大多在棉籽壳生料栽培的菇床上发生。培养料含水量过高，床面长时间渍水和长时间覆盖薄膜，通风不良，湿度过大，容易发病。此病在袋料栽培中也有发生。

（三）防治技术

在子实体生长阶段，控制培养料适宜的含水量，防止菇料表面渍水。发现病菇应及时清除，可喷洒50%异菌脲可湿性粉剂1 500倍液，或50%咪鲜胺锰盐可湿性粉剂1 500倍液，45%噻菌灵（特克多）悬浮剂1 200倍液，50%多菌灵可湿性粉剂500倍液，65%代森锌可湿性粉剂600倍液进行防治。

十、蘑菇细菌性褐斑病

蘑菇细菌性褐斑病又叫托拉斯假单胞杆菌病、锈斑病、斑点病、污斑病等，为蘑菇的重要病害。分布广泛，发生普遍。常在秋季发生，主要为害蘑菇、平菇、香菇等的子实体，损失严重。

（一）病害症状

常在蘑菇发育早期发病。病菌多从渍水的部位开始侵染，先在菌盖表面形成浅褐色的病斑，以后颜色加深，呈灰褐色至红褐色，中央凹陷。随病情发展，病斑相互汇合形成褐色坏死斑块。空气干燥，病斑干枯开裂，形成不对称菌盖。菌柄染病，形成纵向病斑。菌褶通常很少发病。病斑一般发生在浅层，发病轻或条件不适宜时症状表现不明显，待采收后才出现病斑。

病菇菌盖初期症状　　　　　　　病菇菌盖中后期症状

（二）发生规律

该病病原菌为假单胞杆菌属托拉斯假单胞杆菌，广泛存在于自然界。培养料、覆土、管理用水是引致发病的主要初侵染源。一般菇房温度15℃以上，湿度85%以上易发病，春菇生长后期，适逢高温、高湿，特别是菌盖有水膜时极易发病，通常数小时即可完成侵染和显症。菇房管理粗放，温差大，蘑菇表面结露，有利于发病。此外，品种之间也存在一定的抗性差异。

（三）防治技术

（1）选用抗病品种。

（2）菇房消毒和水质净化。菇房四壁及地面、床架等用8%漂白粉溶液消毒，栽培用水可用0.015%～0.02%漂白粉消毒。

（3）培养料二次发酵，覆土消毒。培养料充分发酵，菇床覆土用福尔马林消毒。

（4）加强菇床管理，及时防治病虫。加强生长期温湿度管理，每次喷水后及时通风换气，保持菌盖表面干燥，防止病菌侵染繁殖。发现病菇及时拔除，暂停或控制喷水，加强菇房通风降湿。病区可喷洒500～600倍漂白粉液，或47%春雷·王铜（加瑞农）可湿性粉剂600～800倍液，5%石灰水上清液。也可在菇床上撒一薄层石灰粉。蘑菇生长期及时防治好各种害虫，如菇蝇、菇蚊和害螨等，以减少病害传播。

十一、蘑菇黄色单胞杆菌病

蘑菇黄色单胞杆菌病又称细菌性斑点病。主要为害蘑菇，多发生在秋菇后期，严重时蘑菇成片腐烂坏死，显著影响蘑菇的产量和品质。

（一）病害症状

该病仅为害子实体，在子实体分化的各个发育阶段均可受侵染，但不侵染菌丝。多表现为幼小菇蕾、生长期蘑菇和成熟子实体发病。发病初期菌盖表面产生浅茶褐色至黄褐色斑块，形状不规则，随菇体生长，褐色斑块逐渐长大，并不断深入菇肉内部，使子实体变褐或呈黑褐色坏死萎缩，最后腐烂。

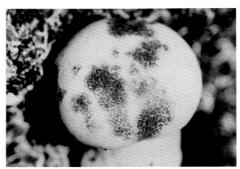

病菇初期症状　　　　　　　　　　　病菇中后期症状

（二）发生规律

　　该病病原菌属黄色单胞杆菌属蘑菇黄色单胞杆菌。病菌初侵染来源尚不清楚。病原细菌不耐高温，50℃经10min可全部杀死。室内人工培养生长最适温度为21～25℃，引起子实体发病的温度为10～15℃。病菌可通过菇房喷水和采菇人员的接触传播，条件适宜扩散迅速，病菇从显症到整个菇体死亡腐烂只需3～5d。

（三）防治技术

　　发现病菇及时拔除，集中妥善处理，并控制喷水，防止病害蔓延。药剂防治，可选用47%春雷·王铜（加瑞农）可湿性粉剂500倍液，或40%多·福·溴菌腈可湿性粉剂800倍液，77%氢氧化铜（可杀得）可湿性粉剂500倍液喷洒床面，抑制病害发展。

十二、蘑菇干腐病

　　蘑菇干腐病为蘑菇重要病害，部分地区发生，一旦发生，可造成大批蘑菇死亡，甚至造成后几潮菇无收获，损失严重。

（一）病害症状

病菇畸形，茶褐色。其典型特征是蘑菇菌盖歪斜，罹病蘑菇比健康蘑菇的菇根更发达；菌柄基部稍微膨大，但不会烂掉，后逐渐萎缩和干枯。一般在第一潮菇峰期发生。病原菌生长在幼小病菇的菌柄和菌索组织内。如果病菇的菌盖从菌柄上断下，在菌盖着生的部位可看到一个暗褐色的小病区。把菌柄纵向撕开，也可发现有一条暗褐色的病变组织。

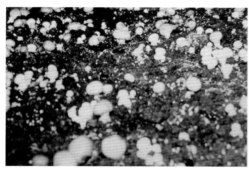

蘑菇干腐病为害状（右为放大图）

（二）发生规律

该病病原菌为假单胞杆菌。一般认为病原菌靠蘑菇菌丝接触传播，在菇床、菇丛之间蔓延，传播迅速。如果病、健菇菌丝间没有接触，干腐病便不会蔓延。此外，利用被干腐菌感染过的菇床材料，易受感染。

（三）防治技术

（1）控制培养料湿度。备料时适量浇水，防止培养料预热发酵期过湿。

（2）控制和隔离菇床发病区域，杜绝病害蔓延。可在发病的菇床上用塑料薄膜将病区菌丝隔开，或在病区前沿扒开一条宽约20cm隔离沟，并在沟内和两侧喷0.5%福尔马林溶液或47%春雷·王铜（加瑞农）可湿性粉剂500～600倍液。也可以病区表面覆盖薄膜，抑制病害蔓延。菇箱栽培，应确保病、健菇箱隔离。

（3）菇房、菇箱、菌床消毒。栽培期结束，彻底熏蒸处理菇房，对病区菇箱、菌床可用0.5%福尔马林溶液或47%春雷·王铜（加瑞农）可湿性粉剂500～600倍液进行重点喷雾处理。

十三、平菇细菌性腐烂病

平菇细菌性腐烂病为平菇重要病害，部分地区发生，多见于温室或坑道栽培，严重时明显影响平菇生产。此病还侵害香菇等食用菌。

（一）病害症状

平菇染病后，在菌盖或菌柄上出现淡黄色水渍状不定型病斑，高温、高湿，病斑扩展迅速，最终致菌盖或菌柄呈淡黄色水渍状腐烂，并散发出恶臭气味。

（二）发生规律

该病病原菌属假单胞杆菌属荧光假单胞杆菌。偶在温室、坑道、阳畦栽培中发病，温暖潮湿，特别是高湿有利于发病。病害通过喷水传播扩散，害虫也能传播。

病菇中后期症状

（三）防治技术

加强菇床管理，每次喷水后加强通风，防止子实体表面较长时间渍水，并控制菇床湿度不超过95％。发现病菇及时拔除，集中妥善处理，并控制喷水，防止病害蔓延。该病发生初期，可选用47％春雷·王铜（加瑞农）可湿性粉剂500～600倍液喷洒床面，抑制病害发展。做好对菇蝇、菇蚊和螨类的防治工作。

十四、金针菇细菌性褐斑病

金针菇细菌性褐斑病是金针菇的主要病害，分布广泛，发生很普遍。对鲜菇的产量和品质影响较大。

（一）病害症状

病斑褐色，可发生在菌盖和菌柄上。菌盖发病，多数病斑发生在菌盖边缘，圆形或椭圆形或不规则，病斑呈深褐色，外圈颜色较深。潮湿时，病斑中央灰白色，有乳白色黏液；气候干燥时，病斑中央部分稍凹陷。菌柄上的病斑菱形、梭形和长椭圆形，褐色有轮纹，外面一圈色较深。条件适宜时，很多病斑迅速扩展连

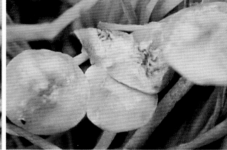

病菇中期症状（右为放大图）

成一片，遍及整个菌柄，使菌柄全部变褐软化，不能直立，病斑上也有黏液，最后整朵菇变褐坏死腐烂。

（二）发生规律

该病病原菌为假单胞杆菌。高温高湿是该病发生的必要条件。病菌通过气流、人工喷水传播。机械损伤、虫伤造成的伤口是病菌侵染的主要途径。

（三）防治技术

因地制宜选用抗病品种的同时，参照蘑菇细菌性褐斑病进行防治。

十五、蘑菇病毒病

蘑菇病毒病又称顶枯病、褐色蘑菇病、菇脚渗水病、法国蘑菇病。其为害严重程度与蘑菇感病期早晚有关，一般损失较重，为世界性普遍发生的病害。

（一）病害症状

该病在蘑菇的整个生育期均可发生。菌种带毒，菌丝在培养期间生长缓慢、稀疏、颜色变褐，菌落边缘不整齐。播种带毒菌种，蘑菇发育早期即可发病，菇床上菌丝生长缓慢，发菌不匀，出菇少或不出菇，严重影响产量甚至绝收。蘑菇菌丝体生长期间染毒，长出的子实体可表现为各种畸形菇。发病子实体症状表现与菇房生态条件有关，空气干燥，子实体萎缩变褐或呈橡皮状；菇房潮湿，菇柄膨大或细长，或出现水渍菇、水柄菇等。蘑菇后期染病，对产量无明显影响。

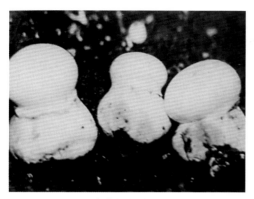

病菇初期症状

病菇中后期症状

（二）发生规律

致病病毒的种类较多，其中，1号病毒和4号病毒发生普遍，常混在一起发生。此病主要以带毒蘑菇孢子和菌丝进行传播。使用带毒菌种及菇床上潜伏有带毒菌丝或孢子是引起发病的主要原因。生长旺盛的蘑菇菌丝能刺激带毒蘑菇孢子萌发。无病菌种长出的蘑菇菌丝和染病蘑菇长出的菌丝融合，会传播病毒，导致子实体发病。

（三）防治技术

（1）培育和选用无毒菌种。播种后用地膜或旧报纸覆盖床面，防止带毒孢子传播降落到培养料上。覆土前，每5～6d喷洒一次0.5%福尔马林溶液。

（2）菇房消毒。生产结束后及时清除废料，床架及用具彻底消毒灭菌。可用1%碳酸钠与2%五绿酚钠混合液涂刷后，再用5%福尔马林溶液喷洒菇房的墙壁、地面及床架，也可用硫黄熏蒸消毒。

十六、平菇病毒病

病毒病为平菇重要病害，各地普遍发生，可导致形成各种畸形菇，造成明显减产，损失严重。

（一）病害症状

染病菇床在菌丝体生长阶段无明显病变，出菇后症状明显。子实体形成后染病可表现为多种畸形。常见类型有3种。

（1）菌柄膨大型。菇柄膨大呈近球形或泡状或烧瓶形，不形成菌盖或形成的菌盖较小，或只在近球形子实体顶面保留菌盖的痕迹，后期产生裂缝，露出白色菌肉。

（2）盖柄畸变型。菌柄变扁和弯曲，表面凹凸不平，或有瘤状突起；菌盖变小，畸形，具深的缺刻，呈歪曲波浪状。

（3）盖柄斑纹型。菌盖和菌柄上出现明显的水渍状条纹或条斑，菌盖皱褶，子实体明显变小。

平菇病毒病病菇

（二）发生规律

该病由一种病毒侵染所致。其病毒粒子存在于菌丝细胞内，主要通过菌丝传播。菌种带毒是主要的初侵染源。此外，带有病毒的平菇孢子降落在菇床上也可引起发病。

（三）防治技术

防治方法参见蘑菇病毒病。

十七、食用菌线虫病

为害食用菌的线虫种类很多，多数是腐生性线虫，广泛分布于土壤和培养料中。少数为兼性寄生，只有极少数是寄生性的病原线虫。可为害蘑菇、平菇、金针菇、草菇、银耳、黑木耳等多种食用菌。其中，发生及为害最严重的种类属于滑刃线虫属的蘑菇堆肥线虫（又名堆肥滑刃线虫）和茎线虫属的蘑菇菌丝线虫（又名噬菌丝茎线虫）。此外，为害平菇、黑木耳、白木耳的还有小杆线虫等。

（一）形态特征

线虫体圆筒形，通常分为头、颈、腹和尾部四部分。头部有唇、口腔、有或无口针。口针在口腔中央，为穿刺寄主组织并吸取营养的器官。颈部是从口针基部球到肠管前端的一段躯体，包括食道、神经环等。食道的形态特征是区分不同线虫的重要依据。腹部是肠管和生殖器官所充满的体躯。尾部是从肛门以下到尾尖部分。线虫体型小，线状（短于1mm，宽50 ～ 100μm），像菌丝一样，无色透明，比菌丝略宽，两端稍尖。不同种类其形态结构

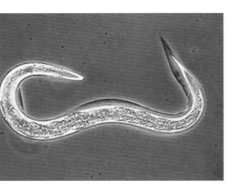

小杆线虫（放大图）

有差异。

蘑菇堆肥线虫的口针细小，长约11μm，食道滑刃型，雄虫无交合伞，交合刺弯曲。

蘑菇菌丝线虫的口针长约9.5μm，食道垫刃型，后食道球与肠分界明显，雄虫交合刺较宽，雌虫单卵巢。

小杆线虫无口针，有钩镰而广阔的吸吮口器。

（二）习性和为害

线虫生存范围广，繁殖能力强，速度快，一条成熟雌虫可产卵数十粒至上千粒。1龄幼虫在卵壳内发育，经孵化和3～4次蜕皮即发育为成虫。常温下10d左右即可繁殖一代。线虫对低温、高温和干燥环境有一定的耐力。水是其活动和为害的必要条件，活动时需有水存在。培养料含水量偏高有利于线虫的活动与为害。线虫的数量与培养料的干湿也有一定相关性，湿料线虫多，干料少。当环境条件不利时，可以休眠状态在干燥土壤中存活几年。蘑菇堆肥线虫和菌丝线虫在水中都有聚团现象。小杆线虫也有群集觅食习性，经常成团聚集在瓶（袋）壁上。同一种食用菌培养料中，常常有2种或2种以上的线虫混合发生，但以优势种群占比较高。通常，蘑菇堆肥线虫数量最多，杆形线虫次之，蘑菇菌丝线虫相对偏少。用牛粪、稻草、甘蔗渣、棉籽壳等做培养料多带有线虫或虫卵，如果堆制发酵不好就成为侵染源；覆土材料未经消毒或消毒不彻底，或用不洁净的水喷洒，或旧菇房、旧床架消毒不彻底，其内残存的虫体或虫卵都可成为侵染源。此外，线虫还可随水漂流，或黏附在蚊、蝇、螨等害虫的身体或体毛上随其迁移，进行传播扩散。

线虫为害食用菌可造成毁灭性损失。主要靠口针穿入菌丝体内，吸食和消化菌丝的营养物质，同时其消化液也通过口针进入菌丝细胞内，致使菌丝生长受阻，严重时萎缩消失，俗称退菌，使培养料变湿、变黑、发黏，并散发出一种特殊的腥臭味。无口针线虫则营腐生生活。群集在一起依靠头部快速搅动使食物断成碎片，然后进行吸吮和吞咽。银耳、木耳等胶质菌子实体受害后，多产生"流耳"或腐烂，并发出难闻的腥臭味，甚至不能出耳。蘑菇受害出菇少或不出菇，最终导致产量下降、菇房歉收。凤尾菇受害后多形成柄长、盖薄小的黄色畸形菇，最后呈褐色软腐。此外，由于线虫的钻食为害，可为多种真菌、细菌、病毒等病原菌入侵创造了条件，并进一步加重对食用菌的为害。

（三）防治技术

（1）培养料二次发酵，净化水源水质。培养料在60℃下高温堆制2～4h，进行二次发酵处理以杀死线虫。使用洁净的水源喷洒培养料。水源不洁净时可加入适量硫酸铝沉淀出杂质和线虫。

（2）菇房彻底消毒。栽培前或栽培结束后对有关的操作工具和场所保持55℃高温，杀死所有线虫；或栽培前用2%石灰水喷洒栽培地面与四壁，或用1.8%阿维菌素乳油2 000～2 500倍液喷洒菇房、菇床及地面；或每平方米用37%福尔马林溶液10mL与80%敌敌畏乳油10mL混合密闭熏蒸24h。及时清除残留在菇房的烂菇及一切废料。

（3）培养料处理。生料栽培每平方米培养料可用1.8%阿维菌素乳油35～50mL处理。段木用70℃热水浸泡3h，或用开水浸0.5h，也可用2%石灰水浸泡12h，以杀死休眠期的线虫。

（4）覆土处理。覆土用60℃高温处理10min以上，或每平方米覆土用1.8%阿维菌素乳油35～50mL进行处理，处理后及时覆盖，以防止再受污染。

（5）药剂防治。出菇前可用1.8%阿维菌素乳油2 000～2 500倍液喷洒菇床料面。出菇后发现有线虫为害处，及时清除受感染区，并立即用1.8%阿维菌素乳油2 000～2 500倍液，对其四周尚未受感染区进行喷洒。注意保持培养料适宜含水量，防止水分过多。段木栽培木耳、银耳，可用1%石灰水上清液或1%食盐水，或1.8%阿维菌素乳油2 000倍液喷洒耳木，并可在地面撒石灰粉防治小杆线虫。

十八、食用菌菇蚊类害虫

菇蚊又称菌（蕈）蚊，是食用菌生产上最具破坏性的害虫之一，国内外普遍发生。可为害蘑菇、平菇、金针菇、草菇、银耳、黑木耳等多种食用菌。通常其为害能引起15%～30%的产量损失，严重时则引起毁灭性的损失。不仅可对食用菌造成直接为害，而且可携带和传播多种病原真菌、细菌、病毒及线虫、害螨等，从而进一步加重对食用菌的为害。

菇蚊种类较多，目前已报道的有10多种，如平菇厉眼菌蚊、闽菇迟眼菌蚊、韭菜迟眼菌蚊、宽翅迟眼菌蚊、蘑菇眼菌蚊、独刺厉眼菌蚊、大菌蚊（中华新菌蚊）、小菌蚊、多菌蚊、草菇拆翅菌蚊、真菌瘿蚊、异翅菌蚊、金翅菇蚊、黑粪蚊等，分属于双翅目眼菌蚊科、菌蚊科、瘿蚊科和粪蚊科。

（一）形态特征

菇蚊类害虫与菇蝇类害虫的形态特征相似，体型较小，其虫

平菇厉眼蕈蚊成虫　　　　　　　　　菇蚊类幼虫

态可分为卵、幼虫、蛹及成虫。但不同种类之间有一定的差异。

（二）习性与为害

菇蚊类害虫不耐干燥，初孵幼虫常群集于水分较多的腐烂料内，幼虫可直接取食菌丝和子实体或培养料中的子实体原基，有的甚至钻进幼菇体内，造成退菌、原基消失、菇蕾萎缩死亡、菌柄折断倒伏、耳片缺刻和菇体孔洞等为害状；被害部位基质成糊状，发黑、发黏，继而感染各种霉菌造成菌袋污染报废。

真菌瘿蚊以幼体生殖为主，一般8～14d即可繁殖一代，幼虫很快爬满培养料及菇体，为害严重。成虫体上常携带螨虫和病菌，随虫体的活动而传播，造成多种病虫同时为害。

老熟幼虫爬出料面，常在袋边或菇脚处化蛹，以蛹或卵的形式越夏，冬季在菇房内一般能越冬，适宜条件下可终年繁殖为害。成虫有趋光性，多数种类对糖醋酒液、废料浸出液有一定的趋性，对菌丝有产卵趋性，喜欢在袋口和菇床上飞行和交配。在菇类栽培期间，温湿度适宜时，10～30d即可完成一个世代，世代重叠严重。一般在春秋两季有2个发生高峰，尤以春季雌雄性比高，繁殖量大，为害更为严重。

（三）防治技术

（1）**搞好环境卫生，清除虫源**。及时处理每潮每季收菇后的菇根、烂菇及废料，决不能将其堆放在菇房、菇场周围，可作燃料及时烧掉，也可将其堆制发酵或喷药杀虫后作肥料，无蘑菇褐腐病的废料可作水稻田基肥。

（2）**防止虫源进入菇房或栽培室**。安装纱门、纱窗，阻止成虫迁入；控制灯源，门、窗附近不要装灯，室内开灯时间尽量减少，以免招引室外菇蚊。

（3）**灯光诱集**。利用成虫的趋光性，可用3W黑光灯或节能灯，在灯下放水盆，内加含0.1%敌敌畏液进行灯光诱集（注意关好门、窗）；用粘虫板粘杀，将40%聚丙烯黏胶涂于木板上，挂在强灯光的附近，有较好效果，粘杀有效期达2个月左右。

（4）**药剂防治**。菇蚊发生高峰期，可用农药为2.5%溴氰菊酯乳油1 500 ~ 2 000倍，50%马拉硫磷乳油1 500 ~ 2 000倍喷雾，均能收到一定的效果，其他药剂如敌百虫、二嗪农也可使用。注意轮换用药及各药剂的安全间隔期。一般在菇房喷药前将子实体采收净，施药7 ~ 8d后方可采收。

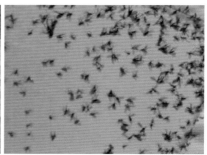

菇房内黄板诱杀菇蚊、菇蝇成虫

十九、食用菌菇蝇类害虫

为害食用菌的菇蝇主要有果蝇、蚤蝇等数种，分别属于双翅目果蝇科、蚤蝇科和蝇科。主要为害双孢蘑菇，也为害平菇、银耳、木耳等。

（一）形态特征

成虫外形如蚊，淡褐色或黑色，触角很短；幼虫白色，是头尖尾钝的蛆，卵黄白色或淡白色，长椭圆形。蛹褐色至红褐色。

果蝇成虫

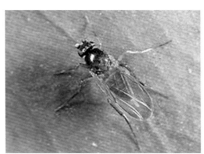

蚤蝇成虫

（二）习性和为害

菇蝇喜高温潮湿。成虫和幼虫都喜欢取食潮湿、腐烂、发臭的食物，有较强的趋化性和趋腐性。可取食菌丝和子实体。可随培养料进入菇房，也可随通风进入菇房。菇房的菇香味和烂菇味对菇蝇都有很强的吸引力。菇蝇繁殖力极强，一只雌蝇可产卵300粒左右。菇蝇以幼虫为害，可在培养料中取食菌丝，发菇期间可从基部侵入菌柄，蛀食子实体，严重时将整个菇体食为海绵状。

（三）防治技术

参照菇蚊类害虫的防治技术进行。

二十、食用菌害螨

食用菌害螨也称菌虱、菌蜘蛛、菇螨等，可为害蘑菇、平菇、香菇、草菇、金针菇、银耳、黑木耳等多种食用菌。螨的种类繁多，分布广泛，腐生性强，发生普遍，食性极杂。其主要种类分属于薄口螨科、粉螨科、长头螨科、矮薄螨科、囊螨科和微离螨科等。

（一）形态特征

螨体分颚体（头）和躯体（腹部）两部分，体形微小，仅0.1～0.6mm，无触角、无翅，有4对足。一生经历卵、幼螨、若螨和成螨4个阶段。其形态特征可参见本书第二节中（二十二）蔬菜害螨的形态特征。但不同种类，其形态特征也有一定的差异。

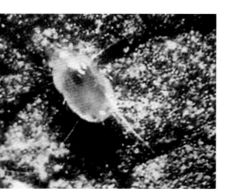

害螨为害幼小菇蕾

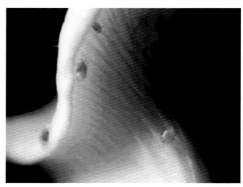

害螨为害食用菌子实体

（二）习性和为害

多数害螨喜温暖潮湿的环境，常潜伏在稻草、米糠、麸皮、棉籽壳中产卵，并随同这些材料进入菇房。在环境不良时可变成休眠体，休眠体腹部有吸盘，能吸附在蚊、蝇等昆虫体上进行传播。螨可为害食用菌菌丝和子实体。咬食菌丝使菌丝枯萎、衰退，并传播杂菌和病菌。发菌期为害严重时，可将菌丝全部吃光而滋生霉菌，在被害菌体周围可见到螨的爬行和絮状排泄物，并可造成发菌彻底失败而绝收。为害菇蕾和幼菇时，使菇蕾和幼菇死亡，被害的子实体表面形成不规则的褐色凹陷斑点，有时使菌盖变为肉褐色，菌盖伸展极缓慢，仔细观察，在受害的子实体表面可见到螨的活动。有螨为害的菇房，工作人员常觉脸上发痒，甚至全身发痒，有人能由此而出现过敏性皮炎。

（三）防治技术

（1）把好菌种质量关，严防菌种传带害螨。

（2）彻底清除菇房及周围环境生产垃圾和有关杂物，最好使菇房与粮食、饲料、肥料仓库保持一定的距离。

（3）培养料进行高温堆制，提倡二次发酵。

（4）药剂防治。

①菇房隔离和消毒。可采用0.9%阿维菌素乳油1 500 ～ 2 000倍液，5%噻螨酮可湿性粉剂1 500 ～ 2 000倍液，20%速螨酮可湿性粉剂3 000 ～ 4 000倍液，5%氟虫脲（卡死克）乳油1 000 ～ 2 000倍液喷洒菇房的内墙、地面和床架。生产期间可用上述药剂喷洒床周围或用能与石灰粉混合的药剂与石灰粉混合后抖撒在菇床四周。

②敌敌畏熏蒸及人工诱集。产菇期螨害严重，可用蘸有80%

敌敌畏乳油的棉团放在菇床下，每70～90mm放置3团呈品字形排列，同时在菇床料面上盖一张塑料薄膜或湿纱布。待害螨嗅到药味迅速从料内钻出爬至塑料薄膜或湿纱布上时，取下集满害螨的薄膜或纱布进行人工杀灭。

二十一、食用菌主要杂菌

在食用菌制种及整过生产期间，极易受到杂菌的竞争和污染，其发生及为害程度常常不亚于一些主要侵染性病虫的为害。杂菌的种类很多，如真菌类的链孢霉、曲霉（黄曲霉、黑曲霉、灰曲霉）、青霉或拟青霉、毛霉、根霉、木霉、胡桃肉状菌、蘑菇粉孢霉、石膏霉、鬼伞等，以及一些细菌类的杂菌。真菌类杂菌污染所造成的为害症状与真菌类侵染性病害发生的症状基本上一样，可产生不同类型的孢子和不同颜色的菌落等，其为害主要是污染培养料，与食用菌争夺养分和空间等，如本霉菌丝接触到寄主菌丝时，可将其缠绕切断，还能分泌毒素杀死、杀伤寄主，为害较重。细菌类杂菌污染常造成烂筒，培养料有机物腐烂的同时有腥臭味发出。杂菌发生的原因主要有：培养料及覆土材料灭菌不彻底；制种和接种时无菌操作不严；搬运过程中松袋或刺破菌袋；培养环境消毒不彻底，环境中杂菌孢子浓度大，初侵染源丰富等。此外，空气湿度大，环境通风不良，温度偏高等都是引起杂菌发生的主要因素。

杂菌防治的主要方法：一是应选择空气新鲜、场所干净、通风良好、凉爽干燥、水源清洁、远离仓库、远离畜禽舍等无污染源的制种和生产场所；二是搞好环境卫生，对制种和生产场所预先采用福尔马林、硫黄、敌敌畏等高效低毒的药剂进行严格消毒，药剂要经常轮换使用；三是严格无菌操作规程，把好无菌关，对一些易受污染或消毒不彻底的培养料可采用二次发酵；四是对受杂菌污染的菌种或培养料要及时采用深埋、沤肥、火烧等方法集中处理。

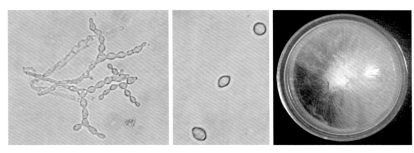

链孢霉

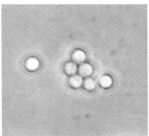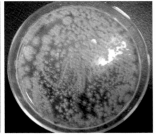

曲　霉

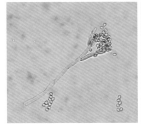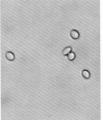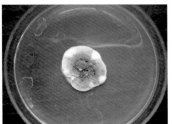

青　霉

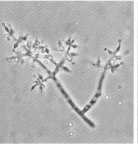
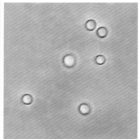
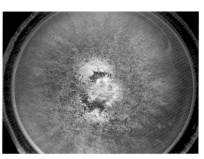

绿色木霉

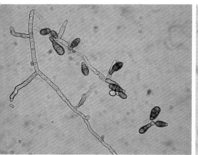

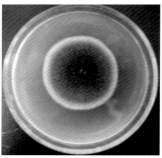

链格孢霉

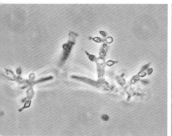
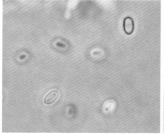
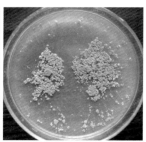

康氏木霉

主要参考文献

蔡象元, 2000. 现代蔬菜温室设施与管理. 上海: 上海科学技术出版社.

陈德明, 郁樊敏, 2013. 蔬菜标准化生产技术规范. 上海: 上海科学技术出版社.

程智慧, 2009. 大蒜标准化生产技术. 北京: 金盾出版社.

房得纯, 等, 1997. 蔬菜病虫草害综合防治. 北京: 中国农业出版社.

高坤金, 温吉华, 2010. 茄子栽培入门到精通. 北京: 中国农业出版社.

龚惠启, 宋泽芳, 张正梁, 2004. 无公害蔬菜生产实用技术. 长沙: 湖南科学技术
出版社.

胡云生, 胡永军, 孙丽英, 2010. 大棚茄子高效栽培. 济南: 山东科学技术出版社.

黄其林, 田立新, 杨莲, 1984. 农业昆虫鉴定. 上海: 上海科学技术出版社.

黄云, 2010. 植物病害生物防治学. 北京: 科学出版社.

焦自高, 齐军山, 2015. 甜瓜高效栽培与病虫害识别图谱. 北京: 中国农业科学
技术出版社.

巩风田, 侯伟, 张中华, 2017. 现代蔬菜瓜类作物生产技术. 北京: 中国农业科学
技术出版社.

李宝聚, 2014. 蔬菜病害诊断手记. 北京: 中国农业出版社.

李加旺, 凌云昕, 凌涛, 2008. 黄瓜栽培科技示范户手册. 北京: 中国农业出版社.

刘建, 2011. 特种蔬菜优质高产栽培技术. 北京: 中国农业科学技术出版社.

刘新琼, 2002. 菜田除草新技术. 北京: 金盾出版社.

陆家云, 1997. 植物病害诊断. 北京: 中国农业出版社.

唐子永, 郭艳梅, 2014. 马铃薯高产栽培技术. 北京: 中国农业科学技术出版社.

王迪轩, 何永梅, 王雅琴, 2015. 有机蔬菜栽培技术. 北京: 化学工业出版社.

王叶筠, 2008. 西瓜甜瓜南瓜病虫害防治. 北京: 金盾出版社.

王运兵, 张志勇, 2008. 无公害农药使用手册. 北京: 化学工业出版社.

全国农业技术推广服务中心, 2012. 农作物病虫害绿色防控技术指南. 北京: 中
国农业出版社.

姚满生,2003.新编蔬菜田化学除草技术.北京:中国农业科学技术出版社.

虞轶俊,施德,2008.农药应用大全.北京:中国农业出版.

郁樊敏,陈德明,2010.蔬菜栽培技术手册.上海:上海科学技术出版社.

袁星星,2019.食用豆高效绿色生产技术.南京:江苏凤凰科学技术出版社.

郑建秋,2004.现代蔬菜病虫鉴别与防治手册.北京:中国农业出版社.

周绪元,王献杰,张金树,等,2006.无公害蔬菜栽培及商品化处理.济南:山东科学技术出版社.

朱佩瑾,2010.出口蔬菜标准化生产技术.上海:上海科学技术出版社.

朱振东,段灿星,2012.绿豆病虫害鉴定与防治手册.北京:中国农业科学技术出版社.

祝树德,黄奔立,童蕴慧,2003.名品蔬菜病虫害原色图谱.南京:江苏科学技术出版社.

附录　禁限用农药名录

《农药管理条例》规定，农药生产应取得农药登记证和生产许可证，农药经营应取得经营许可证，农药使用应按照标签规定的使用范围、安全间隔期用药，不得超范围用药。剧毒、高毒农药不得用于防治卫生害虫，不得用于蔬菜、瓜果、茶叶、菌类、中草药材的生产，不得用于水生植物的病虫害防治。

一、禁止（停止）使用的农药（46种）

六六六、滴滴涕、毒杀芬、二溴氯丙烷、杀虫脒、二溴乙烷、除草醚、艾氏剂、狄氏剂、汞制剂、砷类、铅类、敌枯双、氟乙酰胺、甘氟、毒鼠强、氟乙酸钠、毒鼠硅、甲胺磷、对硫磷、甲基对硫磷、久效磷、磷胺、苯线磷、地虫硫磷、甲基硫环磷、磷化钙、磷化镁、磷化锌、硫线磷、蝇毒磷、治螟磷、特丁硫磷、氯磺隆、胺苯磺隆、甲磺隆、福美胂、福美甲胂、三氯杀螨醇、林丹、硫丹、溴甲烷、氟虫胺、杀扑磷、百草枯、2,4-滴丁酯。

注：2,4-滴丁酯自2023年1月29日起禁止使用。溴甲烷可用于"检疫熏蒸处理"。杀扑磷已无制剂登记。甲拌磷、甲基异柳磷、水胺硫磷、灭线磷，自2024年9月1日起禁止销售和使用。

二、在部分范围禁止使用（限用）的农药（20种）

通用名	禁止使用范围
甲拌磷、甲基异柳磷、克百威、水胺硫磷、氧乐果、灭多威、涕灭威、灭线磷	禁止在蔬菜、瓜果、茶叶、菌类、中草药材上使用，禁止用于防治卫生害虫，禁止用于水生植物的病虫害防治
甲拌磷、甲基异柳磷、克百威	禁止在甘蔗作物上使用
内吸磷、硫环磷、氯唑磷	禁止在蔬菜、瓜果、茶叶、中草药材上使用
乙酰甲胺磷、丁硫克百威、乐果	禁止在蔬菜、瓜果、茶叶、菌类和中草药材上使用
毒死蜱、三唑磷	禁止在蔬菜上使用
丁酰肼（比久）	禁止在花生上使用
氰戊菊酯	禁止在茶叶上使用
氟虫腈	禁止在所有农作物上使用（玉米等部分旱田种子包衣除外）
氟苯虫酰胺	禁止在水稻上使用